PATENT

実例からわかる

特許化の要点

川北国際特許事務所
弁理士 **川北喜十郎** [著] Kijuro Kawakita

森北出版

はじめに

　特許を取得するにはいろいろと手続きがあり，すべての条件をクリアしていく必要がありますが，そのなかでも，発明者にとってとくに重要なことはなにかといえば，それは，発明に「新規性」と「進歩性」をもたせることでしょう．

　新規性とは，特許出願時にあなたの発明が知られていないこと，進歩性とは，同じ分野の技術者が既存の技術からあなたの発明を容易に思い付かないこと，です．一見かんたんそうに思えますが，経験がないとこれが案外難しいようです．実際，申請した発明が拒絶される理由の9割は進歩性の欠如ともいわれています．そのように，重要な「新規性」と「進歩性」ですが，どうすればそれらを示せるかは，多くの書籍ではあまり深く説明されていません．進歩性は，既存の技術との相違点や有利な点が明確になるように，発明の組み立て方や捉え方を変えたり，新たな要素を追加したりすることで仕立てることができます．

　本書では，発明から特許出願後までの，発明者が押さえておきたいポイントを説明していきますが，とくに特許出願前に「新規性」と「進歩性」をどのようにして見出すかに焦点をあてて解説していきます．とりわけ第6章では，どのように進歩性を向上させるかを具体例で説明するとともに，実際の特許のどこが進歩性として認められているかを示しますので，実務に参考になると思います．また，権利範囲の決め方についても，例を使って解説しますので，これも実務に活かしてもらえればと思います．なお，本書では，さまざまな分野の実際の特許例を挙げていますが，ポイントがわかりやすいものばかりですので，専門分野が違っても理解できると思います．

　私はこれまで30年以上，弁理士として知的財産業務を行うとともに，高校生や大学生，企業の研究者や開発者，日本および海外の知的財産の分野に従事している方々に，セミナーや授業を行ってきましたが，本書で説明する内容をもとに，多くの方が特許を取得できています．ですので，本書を通じてより多くの方々が特許取得を目指していただければ幸いです．

2022年9月　　　　　　　　　　　　　　　　　　　　　　　　　著　者

目　次

特許の基本

特許は，独占的に製品を販売できる権利です．また，使用権（実施権）を譲渡して利益を上げることもできるので，ビジネスには有効なツールといえます．ただし，なにが特許になり，なにが特許にならないのか，この特許の権利の範囲がどこまでなのかなど，わかりづらい面があるのも事実です．そのわかりづらさは，特許の対象である発明が概念であることが大きい要因のように思います．そこで，本書では，具体的に例をあげて特許を読み解いていきますが，本章ではまずは特許の基本を説明します．

1.1 特許とは

(1) 特許権

一般にいう**特許**は，発明に対して国から与えられる権利です．知的財産権の一種であり，**特許権**ともいいます（**図 1.1**）．**発明**は，第 2 章で詳しく説明しますが，かんたんにいうと，頭のなかでつくり出した技術に関するアイデアのことです．その発明を具現化した製品が**発明品**です．

特許を取得すれば，その権利をもつ人（会社のこともあります）だけがその製品を製造したり販売したりすることができるようになり，他人（または他社）

図 1.1　特許とは

が許可なく勝手にその発明品を製造したり，販売したりすることができなくなります．もし，他人が模倣品の製造や販売をしたら特許権を侵害されたとして，その他人に対して，模倣によって得た利益の賠償（損害賠償）や模倣品の製造販売の中止（差し止め）を請求できます（**図 1.2**）．このように，特許は独占できる権利であるわけですから，ビジネスにおいて特許を取得するということは，ライバルとの競争において有利になります．ただし，その独占できる**特許期間**（権利の存続期間）**は特許の申請から最長で 20 年間**です．

差し止め請求権
損害賠償請求権

侵害者

図 1.2　特許侵害にあったら

特許期間が経過すれば，だれでも特許発明を実施できます．この制度によって，技術者や研究者などの発明者には一定条件のもとで独占権が与えられることで，発明意欲が刺激され，一方で独占期間の満了後はだれでもその特許発明を実施できることで，日本の産業の発展も促進されるわけです．このことは，特許法の目的として特許法第 1 条に規定されています．

（2）発明者と出願人

特許の取得には既定の書類を特許庁に提出しますが，その書類には発明者と出願人を記載することになっています．**発明者**とは発明した人であり，**出願人**とは書類を提出した人です．出願人になれるのは，発明者か発明者の所属組織です．つまり，特許を取得できる人になります．多くの企業で行われているように，出願の手続きは知的財産の担当者または代理人である弁理士が行います．

特許は基本的に発明者に与えられます．ただし，発明者が会社などの組織の職員であり，たとえば，会社の研究や開発の部署に属しているような，発明することが仕事（職務）である場合は，会社の契約や定款により，会社が特許を取得するのが一般的です．このように特許を取得できるのは，発明者かあるいは発明者が属している会社などの組織のどちらかになります．

(3) 発明が特許になるまでの流れ

図 1.3 は，発明が特許になるまでの流れを示しています．特許は国が認める権利なので，まず国の機関である特許庁（行政庁）に特許出願（申請）をする必要があります．特許出願では，発明の内容を具体的に記載した明細書および図面，出願人や発明者の氏名・住所を記載した願書など（第 3 章で詳しく説明します）を提出します．特許出願された発明は，特許庁の審査官によって審査され，一定の条件を満たしていれば特許として登録されて権利が発生します．創作した時点で権利が発生する著作権とは，この点が大きく異なります．

図 1.3　発明が特許になるまでの流れ

図 1.4 は，特許出願後の流れを詳しく示したものです．アミがけの項目は出願人が行う手続きです．

特許出願したら発明が自動的に審査されるわけではありません．出願人が審査請求書を提出する**審査請求**という手続きを行うことで，はじめて審査の対象となります．**審査請求は出願から 3 年以内に行うことができ**，請求がなければ出願は取り下げられたものとみなされます．この制度は，本当に権利化する必要があるかどうかを出願人に検討してもらうことを促すためのものです．技術の進歩や市場の需要の変化によって，特許出願した発明の価値や重要性も変化するので，出願から 3 年間は十分に検討するとよいでしょう．

審査請求されると，特許庁では，発明が特許に値するかどうか，すなわち特許要件を満たしているかどうかを審査官が審査します．早く特許を取得したければ，審査請求を出願と同時にすればよいでしょう．さらに一定の条件下で審査を早めてくれる早期審査制度もあります．

そして，要件を満たしていると判断されれば，特許料を納付することで出願

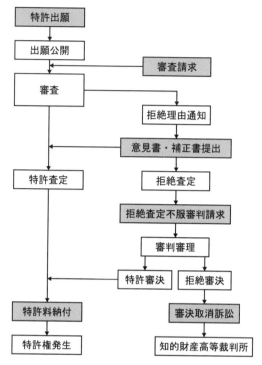

図1.4　特許出願後の詳細な流れ

人の特許取得が認められます．要件を満たしていないと判断されれば，特許を
拒絶する理由が書かれた拒絶理由通知が出願人に送られます．ただし，この通
知が届いたら特許がもう取得できないわけではありません．通知に対して出願
人は内容を直したり（補正といいます），意見を述べたりする機会が与えられ
るので，それによってあらためて審査を受けることができます．そこでも認め
られなければ，拒絶査定という通知が送られますが，これに対しても出願人は
審判（拒絶査定不服審判）を特許庁に対して請求できます．この審判でも拒絶
が覆らないときには，知的財産高等裁判所に控訴（審決取り消し訴訟の提起）
できます．このように，特許庁の審査官と出願人とのやり取りを通じて，発明
は特許になります．このしくみ（審査主義と登録制度）は，世界中の国や地域
で採用されています．

　なお，特許は，国や地域ごとに成立します．つまり，特許は国ごとに独立し
ており，独占権の効力も取得した国に限られます（図1.5）．これは**特許独立**

欧州特許
ロシア特許
中国特許
日本特許
UAE 特許
アメリカ特許
オーストラリア特許
ブラジル特許

図 1.5 特許は国や地域ごとに成立する

の原則といいます．このため，たとえば，アメリカ合衆国で特許を取得したいのであれば，アメリカ合衆国の特許庁に特許出願する必要があり，イギリスで特許を取得したいのであれば，イギリスの特許庁に特許出願する必要があります．欧州にある欧州特許庁に特許出願して取得できれば，欧州特許条約の加盟国すべてで権利が認められることも可能になります．

(4) 特許の力

特許を取得できれば，市場を独占できることがあります．ものによってはものすごく強力な武器になります．一方，特許による市場独占が人道的に望ましくない場合もあり，その場合は特許権者が自ら特許を開放することもあります．ここでは，実際の特許の使われ方について紹介します．

◇ 市場の独占

フェキソフェナジンは，サノフィ社（フランス）が特許の専用実施権のもとで製造していた化合物です．これは，花粉症治療薬の成分であり，日本ではアレグラという製品名で販売されています（図 1.6）．フェキソフェナジンの特許の存続期間は，特許出願された 1993 年から，延長登録出願を経て特許期間が満了した 2015 年 9 月までの 22 年間に及びます（特許第 3037697, 3041954 号[†]）．

特許期間満了後に，他社が販売したフェキソフェナジン塩酸塩 60 mg を含むジェネリック（後発）市販薬の一覧が表 1.1 です．これだけ多くの会社が一斉にジェネリック医薬品の製造販売を始めたことから，この市場の大きさが

[†] 特許第 3037697 号は，抗ヒスタミン剤に関する特許第 3041954 号の分割出願から派生した用途に関する特許．いずれも，延長登録出願により特許期間は 2 年以上延長．

フェキソフェナジン(fexofenadine)

図1.6 特許により市場を独占した花粉症治療薬

わかります. サノフィ社はこの市場を 22 年間も独占していたわけです.

なお, 表1.1 のジェネリック市販薬の薬価(公定価格)はアレグラの薬価の 1/2 〜 1/3 程度です. これは, その薬を発明した会社が開発のために莫大な開発費用を要したのに対して, 後発メーカーはその薬の成分や組成がわかっているので, 開発費用がほとんどかからないからです. また, 第2章でも説明しますが, 化合物や薬品の特許は製品全体の特許であり, 自動車を構成する各部品の特許などと異なり, 一件あたりの価値が非常に高くなっています. そのため, 製薬メーカーにとっては, 特許が満了することは, その製品を通じて得られた利益が激減することを意味します.

◇ 社会への解放

特許による市場独占はビジネスにおいてたいへん有利になりますが, その特許が人命にかかわるような場合には, 独占することは市場のみならず社会に多大な影響を及ぼします. そのような場合には, 特許をビジネスのために用いないようにしたり, だれでも使えるように特許を自主的に開放したりすることで, 社会貢献することもあります.

たとえば, ノーベル医学賞を受賞した山中伸弥博士は, iPS 細胞に関わる特許が海外企業に譲渡されて商用利用されることを防ぐために, 京都大学と協力して, iPS 細胞に関する特許を管理する京都大学 iPS 細胞研究所を設立し, iPS 細胞の特許が治療や開発に有効利用できるようにしました.

また, 新型コロナウイルスが世界中で蔓延したころに, 日本の経団連は, 新型コロナウイルス対策の技術を開発する企業や研究機関の支援に向け, 特許などの知的財産を無償で開放するよう呼び掛ける方針を打ち出しました. モデルナ社(アメリカ合衆国)も, パンデミック終息までは開発した新型コロナウイ

表 1.1　特許期間満了後に販売されたフェキソフェナジンの類似品

薬品名	薬価	メーカー
アレグラ錠 60 mg	46.6	サノフィ
フェキソフェナジン塩酸塩錠 60 mg「杏林」	12.8	キョーリン
フェキソフェナジン塩酸塩錠 60 mg「YD」	12.8	陽進堂
フェキソフェナジン塩酸塩錠 60 mg「ツルハラ」	12.8	鶴原
フェキソフェナジン塩酸塩錠 60 mg「DK」	12.8	大興
フェキソフェナジン塩酸塩錠 60 mg「EE」	15.1	エルメッド
フェキソフェナジン塩酸塩錠 60 mg「KN」	15.1	小林化工
フェキソフェナジン塩酸塩錠 60 mg「FFP」	18.1	共創未来
フェキソフェナジン塩酸塩錠 60 mg「NP」	15.1	ニプロ
フェキソフェナジン塩酸塩錠 60 mg「SANIK」	25.7	日医工サノフィ
フェキソフェナジン塩酸塩錠 60 mg「TCK」	18.1	辰巳
フェキソフェナジン塩酸塩錠 60 mg「ZE」	15.1	全星
フェキソフェナジン塩酸塩錠 60 mg「アメル」	15.1	共和
フェキソフェナジン塩酸塩錠 60 mg「ケミファ」	15.1	ケミファ
フェキソフェナジン塩酸塩錠 60 mg「三和」	15.1	三和化学
フェキソフェナジン塩酸塩錠 60 mg「ダイト」	25.7	ダイト
フェキソフェナジン塩酸塩錠 60 mg「トーワ」	15.1	東和
フェキソフェナジン塩酸塩錠 60 mg「日新」	15.1	日新
フェキソフェナジン塩酸塩錠 60 mg「ファイザー」	15.1	ファイザー
フェキソフェナジン塩酸塩錠 60 mg「明治」	15.1	明治
フェキソフェナジン塩酸塩錠 60 mg「モチダ」	15.1	ニプロ
フェキソフェナジン塩酸塩錠 60 mg「CEO」	15.1	セオリア
フェキソフェナジン塩酸塩錠 60 mg「JG」	15.1	日本ジェネリック
フェキソフェナジン塩酸塩錠 60 mg「サワイ」	15.1	沢井
フェキソフェナジン塩酸塩錠 60 mg「タカタ」	15.1	高田
フェキソフェナジン塩酸塩錠 60 mg「BMD」	15.1	ビオメディスク

ルスのワクチンの特許を行使しない下記の宣言をしました．この宣言では，社会が必要とするワクチンなどの技術開発に対して特許が妨げにならないようにしています．

Beyond Moderna's vaccine, there are other COVID-19 vaccines in development that may use Moderna-patented technologies. We feel a special obligation under the current circumstances to use our resources to bring this pandemic to an end as quickly as possible. Accordingly, while the pandemic continues, Moderna will not enforce our COVID-19 related patents against those making vaccines intended to combat the pandemic.

モデルナ社 Press Release October 8, 2020
(https://investors.modernatx.com/news-releases/)

1.2 特許の活用方法

特許は，大企業だけでなく，個人や個人事業主を含めた小規模な会社でも活用できます．

(1) 研究開発者による活用とメリット

企業または大学などの研究機関の研究者や開発者であれば，研究や開発を通じて発見したことや成果があった場合，学会発表や学術論文を通じて世の中に発表します．これに加えて，その発見や成果を発明として特許を取得することによって，つぎのような形で活用できます．

① 研究資金の調達
② 産学連携パートナーの発掘
③ 職務発明の報酬の取得

◇ 研究資金の調達

新しい技術や製品を開発するためには，設備や人材が必要となります．たとえば，大学や研究室の場合には，研究室の運営・維持のために資金が必要であり，それらは，国からの交付金や私学助成金以外に，日本学術振興会に申請して採択されることで受け取れる科研費（科学研究費補助金）のような競争的資金で賄われています．競争的資金には科研費以外にも，科学技術振興機構（JST）や新エネルギー・産業技術総合開発機構（NEDO）に申請して採択されることにより受け取れる助成金などもあります．

　JST では，大学などで創出された重要な研究成果を実用化し，社会へ還元することを目指す技術移転支援プログラム「A-STEP」があります．発明などのシーズが企業のニーズに合致することを条件とするトライアウト，産学連携が行われていることを条件とする産学共同型などがあり，供給される資金の額は産学協同型のほうが大きくなっています．産学協同型でも初期段階の育成型と実証段階にある本格型があり，本格型のほうが資金額は圧倒的に大きくなっています．この本格型の給付を受けるには，特許が必須になっています．表 1.2 に支援メニューの一覧を示します．

表 1.2　A-STEP の支援メニュー

支援メニュー	トライアウト	産学共同		実装支援（返済型）
		育成型	本格型	
目的・狙い	大学などのシーズが企業ニーズの達成に資するか，可能性を検証する．	大学などの基礎研究成果を企業との共同研究につなげるまで磨き上げ，共同研究体制の構築を目指す．	大学などの技術シーズ（**特許権**などの知的財産権）の可能性検証，実用性検証を産学共同で行い，実用化に向けて中核技術の構築を目指す．	大学などの研究成果・技術シーズの社会実装を目指し，ベンチャー企業などが実用化開発を行う．
課題提案者	大学などの研究者		企業と大学などの研究者	ベンチャー企業など
研究開発期間	最長 2 年度	最長 3 年度	最長 6 年度	最長 3 年間
研究開発費	上限 300 万円（総額）	上限 1500 万円（年額）初年度上限 750 万円	上限 1 億円（年額）初年度上限 5000 万円	上限 1〜5 億円（総額）
資金の種類	グラント		マッチングファンド	返済型　事後評価が S，A，B 評価の場合：開発費全額を返済　事後評価が C 評価の場合：開発費の 10%を返済

◇ 産学連携パートナーの発掘

　さきにも説明したように，大学などでの研究では，設備や人材が必要となりますが，前述のような科研費などで賄うことは容易ではありません．そこで頼もしい存在となるのが，研究を支援してくれる企業です．企業としてみれば研究の成果を将来のビジネスに結び付けたいわけですから，研究の成果が特許という独占権で守られていたほうがビジネス上有利になります．また，A-STEP の企業主体のようなプランもあり，企業にとっては特許を取得している大学と連携するメリットはあります．そのため，大学などの研究機関が特許をもっていることで，産学連携のパートナーが見つかりやすくなります．

◇ 職務発明の報酬の取得

　会社（会社，大学，研究機関など）と研究者や開発者（従業員）との契約によりますが，会社での研究開発を通じて従業員が行った発明は，前述のように，多くの場合，会社が所有することになります．ただし，研究者や開発者などの個人は，雇用関係から会社などに対して弱い立場にあるので，特許法では，従業員が職務上行った発明（職務発明）で，会社などが特許を取得した場合には，会社などは従業員に相当の利益を与えなければならないと規定されています（特許法 35 条第 1 項，第 3 項，**契約自由の原則**）．すなわち，仕事を通じて行った発明が会社の特許になったとしても，発明者は金銭などの利益が得られるということです（**図 1.7**）．

　対価の支払いのタイミングは，多くの企業で，特許の出願時と，特許の登録時，特許後の製品化によって利益が得られたときのように分けられています（**図 1.8**）．金額は，一般的には出願時よりも登録時のほうが高くなり，たとえば

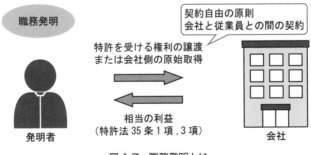

図 1.7　職務発明とは

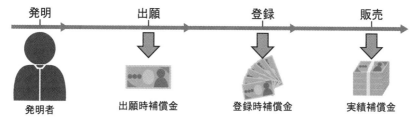

図 1.8 職務発明の対価を受けるタイミング

大企業の場合，出願時は 1 〜 2 万円程度，登録時は 2 〜 4 万円程度の報酬を得られます．また，製品化によって利益が得られたときには，利益の額に応じて支払われることが多いので，製品がたくさん売れることにより対価も大きくなります．つまり，会社の従業員や研究者であっても特許になる発明をすることで特別なボーナスが得られることになります．

　ただし，小さな会社や起業後間もない会社などでは，このような特許法上の制度を理解していないこともあるので，注意が必要です．

（2）個人や小規模企業による活用

　特許は，小規模な企業はもちろん個人にとっても有効なツールです．とくに最近ではいろいろな面で IT 化が進んだことで，個人でもアイデア一つで事業化までもっていくことが容易になっているため，特許はスタートアップに必須のツールともいえます．

　たとえば，具体化できたアイデアを製品化するとなると，まとまった資金が必要になりますが，クラウドファンディングを利用すれば，個人でも比較的かんたんに資金調達ができますし，初期の応援購入を確保することもできます．クラウドファンディングを使えば，製品の売れ行きをみたうえで，製造販売するかどうかの判断もできるので，リスクも抑えられます．また，販売においても，インターネット上のショッピングモールや自己のネットショップを通じての販売が可能であり，さまざまな面で個人でも参入しやすい環境が整っています．

　このように，個人でも事業化しやすい環境になっていますが，もし製品が特許化されていなければ，ライバル社から類似品が販売されてしまいます．類似品が増えて価格競争になってしまえば，独自の製造，販売ルートを使ってコス

トダウンできる大企業に個人が太刀打ちするのは難しくなるでしょう．製品が特許で守られていれば，他の業者の追随を許すこともないですし，また特許化されていること自体が製品の宣伝文句にもなりますので，ビジネスとしても成功しやすくなります．**図 1.9** は，特許化した著者の発明をもとに小規模のバッグメーカーがクラウドファンディングである Makuake を使って事業化に成功したときの商品です．

図 1.9　クラウドファンディングを使った特許製品の販売
[Makuake Web サイト https://www.makuake.com/project/quick-strap_zero/]

　また，中小企業庁などは，新しいビジネスや製品を展開する会社を応援するために，公的助成金や補助金を交付していますが，そのような助成金を受ける審査でも特許を必須とする場合が多いので，特許を取得することは資金調達のメリットになります．なお，中小企業やベンチャー企業のために，日本や海外の特許を取得するための補助金制度も，特許庁や中小企業庁を通じて利用することができます．

特許における発明

第1章で説明したように，特許のもとになるものが発明です．そこで本章では，まずは特許法上でいう「発明」について説明します．そして，第4章で説明する新規性と進歩性を判断するうえで重要な「発明の構成要素」，進歩性を肯定する因子とも関係する「発明の課題と効果」，第7章で説明する広い権利の特許につながる「発明の思想性」について説明します．

2.1 発明の条件

一般に，発明とは「それまで世になかった新しいものを，考え出したりつくり出したりすること」といわれていますが，特許法では，「**発明は自然法則を利用した技術的思想の創作のうち高度なもの**」と定義されています（特許法第2条第1項）．この定義に当てはまらなければ発明ではないので，特許庁での審査において特許の対象になりません[†]．この定義を整理すると，発明は，

・自然法則を利用していること
・技術的思想の創作であること

に分けられます．順に説明していきます．

（1）自然法則を利用していること

自然法則とは，水は高い所から低い所に流れる，エネルギー保存則，万有引

[†] 特許庁の審査基準第III部第1章：「自然法則を利用した技術的思想の創作」に該当しないもの．
（I）自然法則自体
（II）単なる発見であって創作でないもの
（III）自然法則に反するもの
（IV）自然法則を利用していないもの
（V）技術的思想でないもの
（VI）発明の課題を解決するための手段は示されているものの，その手段によっては，課題を解決することが明らかに不可能なもの

力の法則など，身近にも存在する普遍的な法則です．これを利用していること
が最初の条件になります．永久機関のような自然法則に反するものは，この条
件を満たさないので，特許の対象になりません．

このほかに，自然法則を利用していないものとして，経済法則，人間が勝手
に決めたゲームのルール，数学の公式，人間の精神活動，ビジネスを行う方法
などが類型としてあげられており，具体的なものとしてつぎの例があります．

> 例1 「徴収金額のうち十円未満を四捨五入して電気料金あるいはガス料
> 金等を徴収する集金方法」
>
> 例2 「原油が高価で飲料水が安価な地域から飲料水入りコンテナを船倉
> 内に多数積載して出航し，飲料水が高価で原油が安価な地域へ輸送し，
> コンテナの陸揚げ後船倉内に原油を積み込み，出航地へ帰航するように
> したコンテナ船の運航方法」

これらの例の集金方法やコンテナ船の運行方法は，人間の取り決めであり，自
然法則ではないということです．ただし，たとえば，例2はつぎのように，下
線部のような技術的な要素（自然法則を利用した要素）を加えることで，自然
法則を利用したものにすることができます．

> 例2(改) 「インターネットを通じて地域ごとの原油価格と飲料水の価格
> の最新情報を入手し，コンピュータによりそれらのなかからもっとも安
> 価な地域を決定し，原油が高価で飲料水が安価な地域から飲料水入りコ
> ンテナを船倉内に多数積載して出航し，飲料水が高価で原油がもっとも
> 安価な地域へ輸送し，コンテナの陸揚げ後船倉内に 原油を積み込み，
> 出航地へ帰航するようにしたコンテナ船の運航方法」

インターネットによる情報入手やコンピュータによる情報の比較は，光信号や
電流による作用という自然法則を利用しているので，発明と認められるわけです．

自然法則の利用について考えるうえで，とても参考になる事例に「いきなり
ステーキ特許事件」があります．

👍 **特許例** **自然法則のポイントは「もの」の使用と技術的意義**
▶▶▶▶▶▶▶▶▶▶▶▶▶▶▶▶▶▶▶▶▶▶▶▶▶▶▶▶▶▶▶▶

ステーキの提供システム（特許第5946491号・（株）ペッパーフードサービス）
発明：ステーキハウス「いきなりステーキ」で行う，店員が客の注文どおりに
間違いなく運ぶためのステーキの提供システム．2014年に出願，特許庁の審

査や審判，知的財産高等裁判所の判決を経て特許成立．

（解説）　カウンターの前に置かれた客席番号の書かれた札（**図2.1 左**）を客が持って，肉切り職人のいるカット場に移動し，札を見せて希望する肉の種類と重量を注文する．肉切り職人が札に従って客の希望の重量の肉を大きな肉片からカットして計量器に乗せると，計量器は，肉の重量と客の見せた札に書かれたテーブル番号をシール（印し）として出力する．シールには，客のテーブル番号，計量器が計った肉の量が一緒に記されており，このシールをカットした肉を載せた皿（**図2.1 右**）に貼って，調理場に運び，調理場で肉を焼いた後に，店員はそのシールに書かれた番号の席に肉を運ぶ．開業当初はこのようなスタイルで営業を行って話題を集めた

‹ ‹

　この特許の権利範囲を示す書類である「特許請求の範囲（請求項 1）」には，つぎのように書かれています．

🏅 **特許第 5946491 号の請求項 1**

お客様を立食形式のテーブルに案内するステップと，お客様からステーキの量を伺うステップと，伺ったステーキの量を肉のブロックからカットするステップと，カットした肉を焼くステップと，焼いた肉をお客様のテーブルまで運ぶステップとを含むステーキの提供方法　①

を実施するステーキの提供システムであって，上記お客様を案内したテーブル番号が記載された札と，上記お客様の要望に応じてカットした肉を計量する計量機と，上記お客様の要望に応じてカットした肉を他のお客様のものと区別する印しとを備え，　②

上記計量機が計量した肉の量と上記札に記載されたテーブル番号を記載したシールを出力することと，上記印しが上記計量機が出力した肉の量とテーブル番号が記載されたシールであることを特徴とする，ステーキの提供システム．　③

※ステップとは段階のこと．

　最初，請求項 1 は ① だけであったため「人為的取り決めを示すものであり，自然法則を利用しているものではない」と判断されて，拒絶されました．これに対して出願人は，「札」と「計量機」と「印し」という三つの要素を発明に加える修正（補正：② 追加）を行い，いったん特許になりましたが，その後，

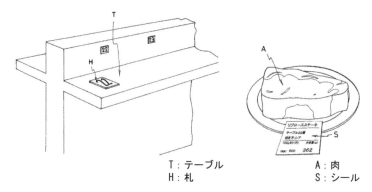

T：テーブル A：肉
H：札 S：シール

図2.1 特許：ステーキ提供サービス（特許第5946491号）の図面

それだけでは自然法則を利用していることにはならないとされ，特許が取り消されました．そこで，出願人は，③を追加する修正（訂正）を再度行いましたが，特許庁は特許を取り消す決定を維持したため，知的財産高等裁判所にこの決定の取り消しを求める訴訟を提起します．知的財産高等裁判所は，「**札，計量機及びシール（印し）という特定の物品又は機器（本件計量機等）を，他のお客様の肉との混同を防止して本件特許発明1の課題を解決するための技術的手段とするものであり，全体として「自然法則を利用した技術的思想の創作」に該当するということができる**」として，特許の維持を認めました．

　この知的財産高等裁判所の判断では，発明のどの部分に自然法則を利用しているかは示されていません．このことから，人間がつくったサービスのようなビジネス手段であっても，「**道具やものを使うことで何らかの技術的な意義が現れて問題を解決できていれば，自然法則を利用していることになる**」ということがわかります．つまり，**発明のどの部分に自然法則が利用されているのかまでは問われない**ということです．また，道具としては，コンピュータのような高等なものでなく，シールや計りのような単純なものでもよいこともわかります．

（2）技術的思想の創作であること

　創作とは，人間の創造力や思考によりつくり出されたものという意味です．発明と，発明とよく似た発見を比べると，創作の意味がイメージしやすくなります．

　発見は，これまで世の中に知られていなかったものを見つけ出すことです．たとえば，新種の深海魚，植物，細菌，鉱物など自然界に存在しているものを見つけ出したり，いままで知られていなかった過去の事象や人の挙動などに気付いたりすることが発見です．このような発見は，実際に存在するものや事実を認識することであり，発見されたものはつくり出されたわけではないので，創作物ではありません．

　一方，発明は，偶然できたり，見つけ出したりしたものではなく，意図的につくり出したもの，つまり創作物です．たとえば，新種の植物種を交配や遺伝子操作によってつくり出すこと，新しい化合物を合成によってつくり出すことは，発明となります．

　発見は創作性がないので発明ではありませんが，発明と密接な関係があり，発見から発明が生まれることはよくあります．たとえば，ノーベル賞級の発明の多くは，発見に基づいています．

👍 発明例　発見は発明につながる

▶▶▶▶▶▶▶▶▶▶▶▶▶▶▶▶▶▶▶▶▶▶▶▶▶▶▶▶▶

導電性ポリアセチレンフィルム（白川英樹博士：ノーベル化学賞）

発見：ポリアセチレン（**図2.2**）の合成の実験中，学生が触媒量を1000倍多くしてしまったことでできた真っ黒な膜が，ポリアセチレンフィルムであることに気付く．このことから，高い触媒濃度でポリアセチレンの合成を繰り返すうちに金属光沢をもつポリアセチレンフィルムができることを発見する．さらに，ポリアセチレンも金属のように「電気が通るのではないか」とひらめき，

他の研究者とともに研究を重ね，高分子主鎖に電子が動くホールをつくるためにハロゲンを微量添加し，ポリアセチレンの電気伝導度が一気に1千万倍にも増加することを発見する．

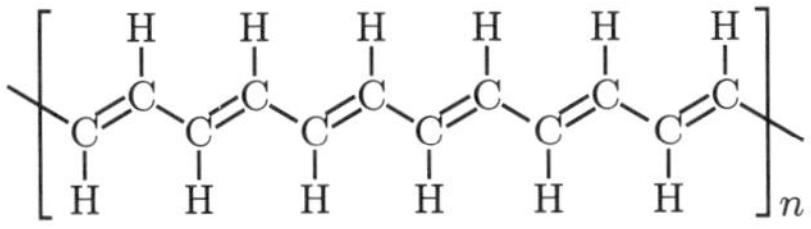

図2.2　ポリアセチレン

発明：発見からさらに研究を進め，金属にも匹敵する導電性高分子を発明する．導電性高分子はいまでは，スマートフォンのタッチパネルやリチウムイオン電池などさまざまな分野に応用されている．

◀◀◀◀◀◀◀◀◀◀◀◀◀◀◀◀◀◀◀◀◀◀◀◀◀◀◀◀◀

> >

緑色蛍光タンパク質（下村脩博士：ノーベル化学賞）

発見：オワンクラゲ（図2.3）の細胞中にイクリオンと緑色蛍光タンパク質（GFP）が存在することを発見する．そして，イクリオンは海水中のカルシウムイオンに反応して青白く光り，GFPはイクリオンが発光した青い光を受け取って緑色の蛍光を放射する，という発光のしくみを解明する．

発明：発見に基づいて，別の研究者がGFPを細胞内で動く分子に付けて追跡する「目印」としての利用法を開発する．これにより，たとえば，調べたいタンパ

図2.3　オワンクラゲ
［Totti/CC BY-SA 4.0］

ク質の遺伝子を操作してGFPの遺伝子を融合させることで，そのタンパク質がどこに存在し，どのように運ばれていくかが，青色の光や紫外線を当てれば視覚的にわかるようになる．この発明により，がん細胞に特異的なタンパク質を特定し，がん細胞が体中でどのように広がっていくかを見ることもできるようになる．

< < < < < < < < < < < < < < < < < < < < <

> >

エバーメクチン（大村智博士：ノーベル生理学・医学賞）

発見：微生物の生産する有用な天然有機化合物の探索研究により，多くの新規化合物を発見する．そのなかでも，静岡県伊東市の土壌から発見された放線菌（図2.4）から生産された化合物エバーメクチン（16員環マクロライド化合物）が，寄生虫（線虫類など）に有効であることを発見する．

発明：発見に基づいて，米国のメルク社と共同で新規化合物イベルメクチンの合成に成功する．イベルメクチンは，動物薬として発売後，ヒトの失明などにつながるオンコセルカ症やリ

図2.4　エバーメクチンを生産する放線菌［北里大学大村智記念研究所Webサイト https://www.kitasato-u.ac.jp/lisci/international/OmuraSatoshi.html］

ンパ系に大きな障害を起こすリンパ系フィラリア症に対しても有効なことが明らかとなり，中南米やアフリカで多くの人命を救っている．

< < < < < < < < < < < < < < < < < < < < <

(3) 発明の種類

　発明は，特許法上でものの発明と方法の発明の二つに分けられています[†].

◇ ものの発明

　ものの発明とは，化合物，材料，装置，機械など，人によってつくり出されたものに関する発明です．さきほど例示した「導電性プラスチック」，「エバーメクチン（16員環マクロライド化合物)」などは，ものの発明になります．コンピュータプログラムも，ものの発明として扱われます．ただし，後述するように，発明は思想なので，物理的なものではなく，概念としてのものです．

◇ 方法の発明

　方法の発明とは，ものを製造するための製造方法やものを使用する方法などで，人，機械，コンピュータなどがどのように処理，操作などをするのかといったことになります．いきなりステーキの「ステーキの提供システム」も方法の発明です．

　ものの発明は，具体化された形（もの）が実存して残るのに対して，方法の発明における処理や操作は実施された後に残らないため，権利化後の立証が難しくなります．

　ものの発明も方法の発明も権利を取得するうえで表現の仕方がとても重要です．それぞれの発明についての権利範囲の表し方は第7章で詳細に説明します．

2.2　発明の構成要素

　さきほど説明した条件を満たした発明でも，すべてが特許になるわけではありません．詳しくは第4章で説明しますが，発明であることに加えて，新しさがあるかが問われます．この新しさは，発明の中身である，構成要素と要素どうしの関係から考えます．特許庁の審査官もこのことに基づいて審査をしています．ここでは，構成要素と要素どうしの関係について，またそれらは技術分野ごとに特徴があるので，そのことについて説明します．

---

† 特許法第2条第3項.

（1）構成要素

　図 2.5 は，窓ふき掃除用の「スプレーワイパー」という発明です．片方の手にもったスプレーで水や洗浄液をガラスに吹きかけ，もう片方の手にもったワイパーで拭き下ろすという窓拭き作業を，片手でできるようにした発明です．

　このスプレーワイパーを分解してみると，構成要素はワイパーとスプレーになり，知られた技術からできていることがわかります．これは多くの発明にいえることで，スマートフォンであれば「携帯電話＋パソコン＋カメラ」といえます．このほかにも，つぎのように分解できます．

　　　・消しゴム付き鉛筆（消しゴム＋鉛筆）
　　　・シャチハタのネーム印（印鑑＋朱肉）

洗剤や飲料についても，知られた化合物や物質の組み合わせといえます．このように，発明は基本的に知られた技術の組み合わせからできていると考えることができます．

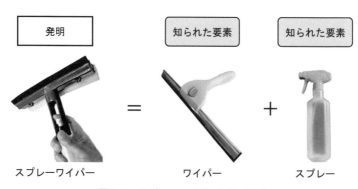

図 2.5　スプレーワイパーの構成要素

👍 特許例　構成要素で考える

　組み合わせの要素は，ものだけとは限りません．さまざまな組み合わせがあります．実際の発明例をみてみましょう．

▶ ▶

iPS 細胞の製造方法（特許第 5098028 号・（大）京都大学）

発明：山中伸弥博士の iPS 細胞の製造方法に関する特許発明．

◀ ◀

　この特許の特許請求の範囲（請求項 1）はつぎのとおりです．

> 🏅 **特許第 5098028 号の請求項 1**
>
> 下記の(1), (2), (3)および(4)の遺伝子：
>
> (1) Oct3/4 遺伝子,
>
> (2) Klf2 遺伝子および Klf4 遺伝子から選択される遺伝子,
>
> (3) c-Myc 遺伝子, N-Myc 遺伝子, L-Myc 遺伝子および c-Myc 遺伝子
>   の変異体である T58A 遺伝子から選択される遺伝子,
>
> (4) Sox1 遺伝子, Sox2 遺伝子, Sox3 遺伝子, Sox15 遺伝子および
>   Sox17 遺伝子から選択される遺伝子,
>
> を体細胞に導入する工程を含む, 誘導多能性幹細胞の製造方法.

　詳しいことは遺伝子工学の専門家でないとわからないかもしれませんが, ポイントは(1) 〜 (4)の知られた 4 種類の遺伝子を組み合わせて体細胞に導入するということです. つまり, **知られた要素を 4 種類選択する処理と, それを体内に導入するという処理の組み合わせ**といえます.

　なお, この例からわかるように, **方法の発明の構成要素は, 「〇〇すること」という処理または操作の組み合わせ**になります.

▶ ▶ ▶ ▶ ▶ ▶ ▶ ▶ ▶ ▶ ▶ ▶ ▶ ▶ ▶ ▶ ▶ ▶ ▶

青色発光ダイオード結晶膜の成長方法(特許第 2628404 号・日亜化学工業(株))
発明：中村修二博士（ノーベル物理学賞）の青色発光ダイオードに関連する半導体結晶膜の成長方法に関する特許発明.
(解説)　これは, 職務発明（第 1 章参照）の対価訴訟の中心的な存在となった特許である. 裁判では, 一審で, 日亜化学工業(株)が元社員の中村氏に 200 億円の発明の対価を支払うこととする判決が出されたが, 最終的には, 会社側の貢献度を考慮して約 6 億円を支払うことで和解が成立した.

◀ ◀ ◀ ◀ ◀ ◀ ◀ ◀ ◀ ◀ ◀ ◀ ◀ ◀ ◀ ◀ ◀ ◀ ◀

　この特許の特許請求の範囲（請求項 1）はつぎのとおりです.

🏅 **特許第 2628404 号の請求項 1**

加熱された基板の表面に，基板に対して平行ないし傾斜する方向と，基板に対して実質的に垂直な方向からガスを供給して，加熱された基板の表面に半導体結晶膜を成長させる方法において，

✒・基板の表面に平行ないし傾斜する方向には反応ガスを供給し，

✒・基板の表面に対して実質的に垂直な方向には，反応ガスを含まない不活性ガスの押圧ガスを供給し，

不活性ガスである押圧ガスが，基板の表面に平行ないし傾斜する方向に供給される反応ガスを基板表面に吹き付ける方向に方向を変更させて，半導体結晶膜を成長させることを特徴とする半導体結晶膜の成長方法.

下線部が発明の重要な組み合わせの要素です．従来は反応ガスを基板に対して斜め方向から流していただけなのに対して，この発明では**図 2.6** のように基板の横方向から反応ガスを流すとともに，反応に寄与しない不活性ガス（N$_2$）を上方向から流しています．**「反応ガスを流す」，「不活性ガスを流す」という知られた処理または操作の組み合わせ**からできています．

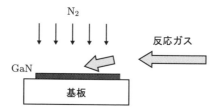

図 2.6　特許：半導体結晶膜の成長方法（特許第 2628404 号）の図面

(2) 要素どうしの関係

要素に分けてみると，その要素どうしの関係にも発明の特徴を見出せます．たとえば，さきほどのスプレーワイパーでは，スプレーがワイパーの柄の部分に埋め込まれていることが関係の特徴になっています（**図 2.7**）．スマートフォンでは，狭い筐体のなかに回路基板があり，そのなかのどこにカメラを配置するかなどが関係の特徴です．つまり，一つの要素に対してほかの要素を，どのような位置に，どのように組み合わせるか，が特徴になるわけです．発明が薬剤や合金のような組成物や材料の場合は，構成要素（成分）の比率（組成）や

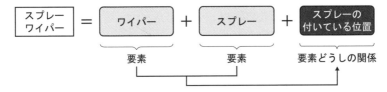

図2.7 スプレーワイパーにみる要素どうしの関係

結合状態が関係の特徴になります. 方法の発明の場合は, ある処理に対して別の処理をどのタイミングで行うかのような, 処理や操作の時間が関係の特徴になります. 第6章で詳しく説明しますが, この要素どうしの関係は, 新しさ(そのなかでもとくに「進歩性」)を出すうえでたいへん重要なポイントになります.

👍 特許例 要素どうしの関係は特許化のポイント

トッポの製造方法(特許第2894946号・(株)ロッテ)

発明:お菓子トッポ(Toppo)の製造方法に関する特許発明. 1994年4月1日に特許出願. 出願から20年が経過しているため, 現在では特許権は消滅. 図2.8は, 以前のパッケージに表示されていた特許番号.

図2.8 特許で守られていた『トッポ』

この特許の特許請求の範囲(請求項1)はつぎのとおりです.

> 🏅 **特許第 2894946 号の請求項 1**
>
> 穀粉 100 重量部，糖類 5 〜 30 重量部，油脂 10 〜 30 重量部および澱粉 20 〜 30 重量部を主成分とする生地を焼成して得られる
> 外径が 15 mm 以下で，かつ内径が外径の 40%以上である中空筒状の焼成生地を有してなるプレッツェル．

特許の内容をかんたんにまとめると，つぎの二つになります．

・穀粉，糖類，油脂，澱粉という成分を特定の割合（組成）で含む原料からできている．
・その原料を，特定のサイズの筒状の形で焼いたものである．

「発明は既存の技術の組み合わせ」という視点でみれば，各成分は知られた要素であり，組成は要素どうしの関係であるといえます．また，そのような成分・組成からなる生地を特定の寸法の筒状の形状に焼かれていることもまた要素どうしの関係とみることができます．つまり，この発明は，**知られたいくつかの材料成分（要素）を，どのような割合で，どのような形に組み合わせたかを表現している**とわかります．

あるいは，もう少しシンプルな見方をして，形状，構造，割合，製造法などもすべて要素として考えれば，穀粉，糖類，油脂，澱粉からなる組成物と，その形状と，つくり方という三つの要素の組み合わせからできていると考えることもできます．

リファの美容ローラ（特許第 6480913 号・(株)MTG）

発明：四つのローラをもつ美容器具に関する特許発明．二つのローラをもつ従来の美容器具に比べて，どの肌部分にあてる場合でも，ハンドルを持っている手の向きを大きく変えたり，手首をひねる必要がない（**図 2.9**）．

この特許の特許請求の範囲（請求項 1）はつぎのとおりです．

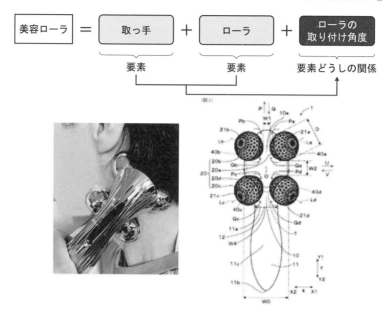

図2.9 取り付け方を特徴とした美容ローラ（特許第6480913号）

🏅 **特許第6480913号の請求項1**

本体と，該本体に支持されているとともに，✎上記本体から先広がり状に延びている少なくとも4本の支持軸と，該各支持軸の軸線を中心にして回動可能に該各支持軸に支持されているローラと，上記本体から延設されているハンドルとを備え，上記ハンドルは，実質的に剛体からなることを特徴とする美容器.

　この発明では，従来の美容器具に比べてローラが2本から4本に増えただけでなく，4本のローラの回転軸という構成要素が先広がり状になるように取り付けられているという要素どうしの関係が特徴となり，特許になっています.

　この要素どうしの関係については，実際の発明を調べてみると，発明を構成する要素のアレンジパターンに関係していることがわかります.発明は，既存の技術を構成する要素をアレンジしたものと考えることができます.主なアレンジパターンとしては，図2.10に示すように，付加，置換，除去，形態変更，

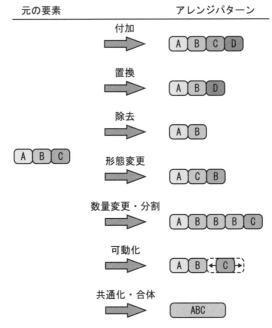

図2.10　発明の主なアレンジパターン

数量変更，可動化，共通化・合体の七つです．ハンガーのいろいろな発明を例にして，要素どうしの関係のパターンを具体的に説明します．

　ハンガーの腕の部分はTシャツの首の開口部よりも広いので，首口からハンガーを入れようとすると首口が伸びてしまいます．これを避けるために，ハンガーをTシャツの下から入れる必要がありますが，これは面倒です．この問題を解決するハンガーの発明をみていきます．普通のハンガーは，**図2.11**に示すように，フック，腕，横棒から構成されています．

図2.11　ハンガーの構成要素

◇ 付加

　図2.12は，基本要素である腕と横棒に回転できるようにするヒンジという別の要素を付加したハンガーです．付加されたヒンジにより，腕と横棒が短く折りたためるようになり，ハンガーの横幅がTシャツの首口の幅より狭くなることを実現しています．

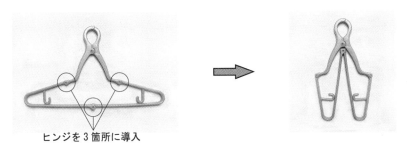

ヒンジを3箇所に導入

図2.12　要素を付加したハンガー

◇ 除去

　図2.13は，基本要素である横棒を除去したハンガーです．この発明では，さらに，新しい要素としてヒンジとレバーが付加されていて，中央のフックの下部に腕がヒンジで回転できるように取り付けられています．腕は，通常，一直線状になるようにロックされていますが，レバーを引くことで，ロックが解除され，腕が自身の重量で下がります．

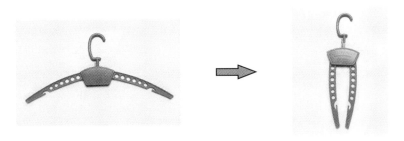

図2.13　要素を除去したハンガー

◇ 形態変更

　図2.14は，基本要素のフックの輪を右側に鋭角に突出させた形に変形（形

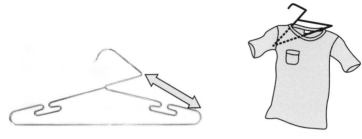

図2.14　要素を形態変更したハンガー

態変更）させたハンガーです．この形態変更により，腕の右端部分との距離（矢印で示した）が首口よりも短くなり，Tシャツの首口から無理なく入れることができるというものです．

◇ 可動化

　図2.15は，基本要素であるフックの根元をリング状にし，リング内に腕を通してスライド（可動化）できるようにしたハンガーです．この可動化により，ハンガーの腕を縦向きにでき，Tシャツの首口から入れられるというものです．なお，このハンガーは特許になっています（特許第3800442号）．

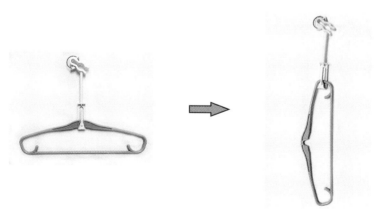

図2.15　要素を可動化させたハンガー

◇ 数量変更・分割

　図2.16は，フックを二つにした（数量変更）ハンガーです．可動化に加え

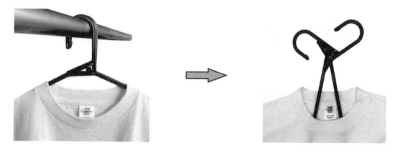

図2.16　要素の数量変更によるハンガー

て，横棒の除去，フックの根元へのピンの追加で，フックが付いたまま左右に分割された二本の腕が相対回転できるようになっています．

　二つのフックをそろえてもの干し竿に掛けると，フックがもの干し竿に拘束されることで互いに重なり合った配置が維持され，ハンガーの両腕が広がった状態になります．ハンガーをもの干し竿から外すと，二つのフックが重なりあった状態から解放され，シャツの重量で両腕が回転軸を中心に閉じる方向に回転します．この結果，シャツの首からハンガーの腕を自然に抜き出せます．

　これらのハンガーの例からわかるように，基本的に同じ要素からできているものであっても，その要素どうしの関係を変える（アレンジする）ことによって，異なる発明になります．

（3）技術分野別の特徴

　ここまで説明してきたように，発明の特徴は，構成要素と要素どうしの関係になります．ものの発明と方法の発明，それぞれでよくみられる構成要素と要素どうしの関係を表2.1にまとめます．いろいろありますが，これらは技術

表2.1　よくみられる要素と要素どうしの関係

発明の種類	要　素	要素どうしの関係
ものの発明	原子，分子，化合物，パーツ，モジュール，アッセンブリ，回路，制御手段，容器，本体，用途など	要素の取り付け位置，要素の結合関係，要素間の比率や組成など
方法の発明	処理，操作，使用する道具，用途，結果物など	処理や操作の時間的な関係や条件，道具どうしの使い方や制御の仕方など

分野別に特徴がありますので，医薬品，化学品，食品・材料，機器に分けて説明します．

◇ 医薬品

　医薬発明は，新規の化合物に関するものがほとんどです．化合物を構成しているものは原子であり，化合物は原子や分子の組み合わせといえます（図2.17）．原子や分子の組み合わせができるには，結合相手との化学的または物理的結合が必要となるので，原子や分子の特性に応じてその可否が決まります．すなわち，新規の化合物を製造するには物質の特性に応じた制約をクリアする必要があります．また，薬剤としての薬効を生じさせつつ，有害な副作用を生じさせないようにしなければなりません．そのため，新規の化合物を合成するためには，原子または分子（要素）の選択や結合の仕方（要素どうしの関係）に多くの制約があり，自由度は低くなります．

図2.17　医薬品の発明の特徴

◇ 化学品

　化粧品，洗剤，塗料などの化学品の多くは，複数の化合物を含む組成物であるということができます．たとえば，一般的な液体洗剤は，主に，界面活性剤と水から構成されていますし，一般的な塗料は，溶媒と着色料を含んでいます．このような組成物は，複数の化合物（要素）を所定の割合で含む混合物なので，化学品の発明を構成する主な組み合わせ要素は化合物であり，要素どうしの関係はそれらの化合物の割合ということができます（図2.18）．化合物を構成する要素やその割合は，組成物を使用する用途に応じて選択できるため，発明としての要素や要素どうしの関係の自由度は医薬品よりも高くなります．

図2.18　化学品の発明の特徴

◇ **食品・材料**

食品・材料も組成物ということができますが，その用途に応じて，さまざまな形状や構造をしたものや，メッキや撥水加工などの特殊な加工を施したものがあります．たとえば，前述のトッポの製造方法では，澱粉，穀粉，糖分などからなる成分（化合物）を所定の割合で混合した組成物であり，中空筒状という構造をもっています．そのため，食品・材料の発明は，化学品に比べて，用途に応じた形状，構造などが付加できるので，要素と要素どうしの関係の自由度はより高くなります（図2.19）.

図2.19　食品・材料の発明の特徴

◇ **機器**

パソコンやプリンタなどの通信機器や自動車などの機械は，多くの部品からできています．部品には，半導体などの電子部品やそれらを含むモジュール，複数のモジュールから組み立てられたアッセンブリ，すべてを収容するハウジングやボディ，そしてそれらを結合するボルトなどの結合部品が含まれます．そのため，機器の発明の要素はきわめて多くの選択肢があります．また，それらの要素どうしの関係は，どこに，どのようにしていくつ組み合わせるかなど，さまざまです．そのため，機器の発明の要素と要素どうしの関係の自由度は，食品・材料に比べてかなり高くなります（図2.20）.

図2.20　機器の要素

2000年から2020年の期間での，国内大手の製薬会社である武田薬品工業(株)と二輪車，四輪車の世界的メーカーである本田技研工業(株)の日本における特許件数を調べてみると，武田薬品工業(株)が約800件であったのに対して本田技研工業(株)は約4万件でした．このように，技術の特徴に応じて組み

図 2.21 技術分野により要素どうしの関係の自由度が変わる

合わせ要素と要素どうしの関係の自由度は変わるので，特許件数にもその関係が表れています．

2.3 課題と効果

発明には必ず解決する課題があります．一方で，発明による効果も必ずあります．

（1）発明が解決する課題

◇ 課題がなければ発明は生まれない

発明が生まれるのは，多くはつぎのようなときです．

・不便や問題点を解決しようするとき

・理想や願望を実現しようとするとき

不便や問題点，理想や願望，それらは，つまり「課題」です．発明の裏には必ず課題があります．実際に，特許申請時に提出する明細書（第3章参照）にも，この課題をまず示すことになっています．

たとえば，「トッポの製造方法」の発明では，明細書に，従来の技術として，棒状のプレッツェル菓子の外側にチョコレートをコーティングした菓子をあげ（グリコのポッキーと想像できます），その菓子は，夏場に，チョコレート部分を持つと指がべたつくという課題[†1]があることが書かれています．

いきなりステーキの「ステーキの提供システム」の発明では，客の注文したステーキを，カット場や焼き場を通じて客のテーブルに間違えなく運ぶという課題がありました[†2]．

---

†1 特許第 2894946 号の従来技術の欄．「従来技術」は「先行技術」と同じ意味．

†2 特許第 5946491 号の従来技術の欄．

「iPS細胞の製造方法」の発明では，その発明以前に，注目されていたヒトやマウスの初期胚から樹立された胚性幹細胞（ES細胞）が，移植においては臓器移植と同様に拒絶反応を惹起してしまうこと，ヒト胚を破壊して樹立されるES細胞の利用に対しては倫理的な問題があることが課題となっています[†1].

このように，発明は課題のもとで初めてつくり出されるので，課題がなければ生まれてくることはないといっても過言ではないでしょう．

◇ 課題は特許化の決め手

課題によって，発明が特許になりやすかったりなりにくかったりします．たとえば，課題が社会や業界でよく知られていれば，それを解決しようとする人，つまりライバルも多く，その課題はすでに他人の発明により公開されていたり，特許が取られている可能性も高くなります．一方で，新しいものや技術に関する課題やニッチな分野の課題は，気が付く人もそれほど多くないでしょうし，それに対して取り組む（発明する）人も少ないでしょう．つぎの二つの特許例は，筆者の知的財産権講座を受講した大学生が身近なものの課題に取り組んだ結果，特許になった発明です[†2]. いずれも類似する先行技術による拒絶理由を受けることなく，特許になっています．

👍 特許例 潜在的な課題が特許化のポイント

▶▶▶▶▶▶▶▶▶▶▶▶▶▶▶▶▶▶▶▶▶▶▶

折り畳みマウス（特許第6232531号）
課題：パソコンで操作するときに使用するマウスは，手のひらに収める形状であるので，持ち運ぶときにはかさばり，ノート型パソコンのバッグに入れるとき，側面などにマウスによる盛り上がりができてしまい，外部からの衝撃を受けやすくなる．
発明：マウス上側の曲面部分を倒立可能な複数の板材で構成し，マウスを使用するときは**図2.22左**のように板材が起立して全体として曲面を構成し，使用しないときは板材を倒して全体を平板状にできるようになっている．

◀◀◀◀◀◀◀◀◀◀◀◀◀◀◀◀◀◀◀◀◀◀◀

[†1] 特許第5098028号の背景技術の欄.
[†2] この2件は，特許庁と文部科学省などが主催するパテントコンテストに応募して入選するとともに，特許出願の費用や弁理士サポートの面で支援を受けて特許化されたものです.

図 2.22　折り畳みマウスの概念図（特許第 6232531 号）の図面

この特許の特許請求の範囲（請求項 2）はつぎのとおりです.

> 🎖 **特許第 6232531 号の請求項 2**
> 底板と，前記底板上で所定方向に所定間隔を隔てて配列された複数の板材と，前記複数の板材を，前記底板に対して起立した状態と底板近くに倒れた状態との間で倒立可能に支持するための支持部材と，前記底板に設けられた電子基板とを有し，
> 前記複数の板材または前記底板に，前記複数の板材が起立した状態を維持するためのロック機構が設けられているマウス.

　マウスがかさばることは，潜在的に気が付いていた人もいるかもしれませんが，実際に課題として定め，これを倒立可能な板を使って折り畳み式にした点が特許につながっています. この課題と同じ課題を大学の知的財産権講座に参加している学生に考えさせたところ，上の特許と同じ発明をすることができた学生が何人もいました. このことは，課題に最初に気が付いた人が特許を取れるということを示唆しています.

▶▶▶▶▶▶▶▶▶▶▶▶▶▶▶▶▶▶▶▶▶▶▶▶▶▶▶▶

コンパクト型穴あけパンチ（特許第 6630010 号）

課題：従来のルーズリーフパンチには，パンチをスライドして移動させるためのゲージがあったが，これが長尺であるために持ち運びを困難にしていた（**図 2.23**）.

発明：タイヤとそれに連動して回転する回転刃が付いたルーズリーフ穴あけパンチ（**図 2.24**）. 机上でタイヤを転がすと，ローラについた穴あけパンチが紙に孔をあける. 従来品にある穴あけパンチをずらすためのゲージがないのでコンパクトになる.

◀◀◀◀◀◀◀◀◀◀◀◀◀◀◀◀◀◀◀◀◀◀◀◀◀◀◀◀

図 2.23 従来のゲージによるパンチ

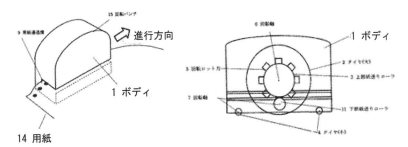

図 2.24 コンパクト型穴あけパンチ（特許第 6630010 号）の図面

この特許の特許請求の範囲（請求項 1）はつぎのとおりです.

🏅 特許第 6630010 号の請求項 1

回転可能な主タイヤが軸支されたボディと,

前記ボディに形成された用紙通過溝と,

複数のロット刃を外周に有し，回転しながら前記用紙通過溝に保持された用紙に穴をあける回転ロット刃と,

前記主タイヤの回転力を回転ロット刃に伝達する伝達機構とを備えることを特徴とするコンパクト型穴あけパンチ.

　ルーズリーフを持ち歩く学生ならではの課題の発見が，この発明につながっています．ロット刃をタイヤにより回転可能とし，長尺のゲージを除去して持ち運びを容易にしたことが特許のポイントになっています．

　課題にさえ気付ければ，解決手段の方向性，つまり発明の要素としてなにを除去し，なにを追加すればよいかがみえてくることがあります．課題の発見は,

特許化する発明を生み出すうえで決め手となるわけです。第6章ではこれをさらに一歩進めて，一度つくり出した発明から課題を見出すことによって，さらに発明のレベル（進歩性）を向上させる方法を解説します。

（2）発明による効果

課題を解決すると結果が生じます。それが**効果**です。

たとえば，「トッポの製造方法」の発明の効果は，チョコレートを筒の内部に充填できるので手を汚さなくて済むこと，これまでになかった食感が得られることになります。いきなりステーキの「ステーキの提供システム」の発明では，客の注文したステーキを，カット場や焼き場を通じて客のテーブルに間違えることなく運ぶことができることが効果です。このように，効果は課題の裏返しといえます。また，効果は，第6章で述べるように，課題にはなかった副次的な場合もあります。

いずれにしても，発明の効果は，発明が特許になるための要件を裏付けるものであるので，その発明にはどのような効果があるかを考えることがとても重要です。効果の詳細は，第4章の「発明の進歩性」や第6章でも説明します。

2.4 発明＝思想

前述のように，特許法では，「自然法則を利用した技術的思想の創作のうち高度なもの」を発明としています。つまり，発明とはもの（物体）ではなく，思想ということです。

思想（特許）はものと違って，物理的な姿がなく，占有することができません。一方で，第1章で述べたように，特許には財産的な価値があります。このように占有できない財産をどのように守り，使用するかは難しく，いろいろな問題が生じます。一方，思想であることによる効用もあります。このような知的財産権の特殊性から，**目に見えて占有できる不動産や有体物を扱う民法などでは対処できないため，民法の特別法として特許法をはじめとして知的財産法が制定されています。**

ここでは，発明が思想であることによる効用や注意点を主に説明しますが，これらは知的財産権を学ぶうえで大前提となる事項であり，第7章でも詳しく説明しますが，強い権利を取得するために必要な知識です。

(1) 大量生産できる

　発明が思想であることで，たくさんの複製品をつくることができます．たとえば，「トッポの製造方法」の発明であれば，「特定の割合の成分からできた組成物を筒状にして焼いたお菓子」という思想は，1本だけでなく，無限の本数に適用できます．つまり，思想を具現化したものを大量生産したわけです．また，この思想（概念）では，トッポの筒の中に入っているものについてなにも規定していません．このため，一つの特許ではありますが，製品としてのトッポは，図2.25に示すようなさまざまな味のものに姿を変えられるわけです．第7章でも説明しますが，このように広い概念で示されている特許は，さまざまな形で実施が可能になります．

図2.25　特許：トッポの製造方法はさまざまな形で活用されている

(2) 共有できる

　発明が思想であることから，発明者や発明者の所属する会社だけでなく，他人や他社も使用できることになります．

　図2.26は，各文具メーカーから販売されている修正テープです．修正液にあった，乾燥に時間がかかる，塗布面に凹凸のムラが生じたり，再筆記がしづらい，液がこぼれて衣服についたりなどの課題を解決したのが，ドライタイプの膜状のものを転写するという特許発明である修正テープです†．発明者は，消しゴムで有名なメーカーである(株)シードの代表者であった方です．この発明で修正テープの国内基本特許，海外特許を取得しました．この特許は，多くのメーカーに特許ライセンスが許諾され，多くの文房具メーカーから修正テープが発売されるようになりました．

---

†　特公平03-11639号（特許第1820418号）公報.

図2.26　特許：修正テープを使った各社の製品

　このように，特許は自ら使用するだけでなく，ライセンス契約を通じて他社に使ってもらうことにより収益を得ることもできます．これは発明が思想であることに基づくビジネス上のメリットです．この特許の内容については第7章で紹介します．

（3）権利範囲は表現により変化する

　思想であるために問題もあります．それは，外縁（権利の範囲）がわかりやすい土地のようなもの（有体財産）と違い，思想は目に見えないため（無体財産），どこまでが権利か明瞭でなく，思想を表す表現により変化することです．特許の権利範囲は，「特許請求の範囲」という提出書類にまとめますが，そこには技術の言葉で内容を記載するので，権利侵害の訴えがあると，そこに書かれた言葉の意味や解釈が争われることになります．

　また，ものではないので，権利の存在がわかりにくく，他人から奪われないように自分の手で持って守ることができません．そのため，特許権利者に無断で発明を使用すること，すなわち，権利侵害が起こりやすくなります．さらに，権利侵害があったときも，その損害額の算定はかんたんではありません．これは，思想が材料やパーツなどのような具体化物ではなく，また，デザインやブランド，あるいは営業努力などもその製品の価値に影響を与えていますから，その製品の価格において思想がどれだけの割合なのかが不明だからです．

　これらの問題は，発明が思想であるために起こることです．このような問題に対処するため，特許法には種々の救済規定が設けられています[†]．

　発明が思想であることから，特許の権利範囲は概念になります．このため，広い概念で特許を取れば，権利範囲も広く，強い特許になります（**図2.27**）．

[†]　特許法第100条（差止請求権），第101条（侵害とみなす行為），第102条（損害の額の推定等），第103条（過失の推定），第104条（生産方法の推定），第105条の2（査証人に対する査証の命令）など．

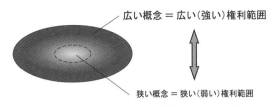

広い概念 ＝ 広い（強い）権利範囲

狭い概念 ＝ 狭い（弱い）権利範囲

図 2.27 概念の取り方と権利範囲の広さの関係

概念の広さには幅があるわけです．逆にいえば，強い特許を取るためには，思想である発明をどのように捉え，どのように表現するかが重要となります．ただし，主観的に広く捉えても，第3章で説明する当業者実施要件や第4章で説明する新規性・進歩性を備えるようにしなければならないので，取得したい適切な権利範囲に調整する必要があります（詳しくは第7章）．

　発明を構成する各要素もその表現によって幅が変わります．たとえば，要素の一つがプラスチックである発明において，「プラスチック」（という概念）には，いろいろな種類のプラスチックが含まれます．繰り返し単位（モノマー）や含まれる元素成分によって分類すれば，ポリエチレン（PE），ポリプロピレン（PP），ポリエチレンテレフタレート（PET），ポリアセタール（POM），フッ素樹脂（FR）などに分けられ，さらにポリエチレンでも，分岐や直鎖の多さに応じて，高密度ポリエチレンや低密度ポリエチレンに分けられます．熱に対する特性で分類すれば，熱可塑性樹脂と熱硬化性樹脂があり，熱可塑性樹脂には，結晶性樹脂と非晶性樹脂があります（**図 2.28**）．したがって，プラスチックといっても，広くすべてのプラスチックなのか，熱可塑性樹脂のような上位のプラスチックなのか，ポリエチレンのような中位概念のプラスチックなのか，あるいはさらに下位概念の高密度ポリエチレンなのかを特定する必要があり，それが特許になった発明の権利範囲を左右することになります．どのような観点で特定するかについては，第3，4章で説明します．

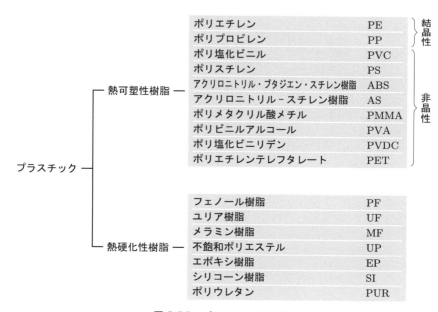

図2.28 プラスチックの分類

出願書類の基本

特許出願された発明は，特許庁の審査官によって特許法に規定されている条件を満たしているかどうかを審査されます．その条件とは，大きく分けると，記載要件と実体的要件があります．本章では，まず記載要件について説明します．

　記載要件とは，特許出願書類への発明の書き方のルールです．書き方といっても，書式のことではなく，発明をどの程度まで具体的にかつわかりやすく書くかについてです．本章では，まず特許出願に必要な書類と，それぞれの書類の記載における注意点を説明します．また，特許申請において重要なルールである補正の原則についても説明します．

3.1 出願書類とは

　思想である発明も，出願時には，ある程度まで具体化して書面にまとめる必要があります．その理由はつぎの二つです．

　　①　審査官や第三者が理解できるようにするため
　　②　権利範囲を明確にするため

特許は独占権なので，社会に対して大きな影響力があります．無用な争いをなくす意味でも，②はとくに重要といえます．

　特許になるかどうか，また特許になったときにその特許がライバルを寄せ付けず，多くの人から使われる価値のあるものになるかどうかは，出願書類にどのように発明をまとめるかで変わってきます．実際には特許出願は，弁理士に代理を依頼したり，企業の知財部で行ったりすることがほとんどですし，形式的な書類もあるので，発明者がすべてを把握しておく必要はありません．ただし，発明をより価値のあるものにするためには発明者もポイントは押さえておく必要があります．

　特許出願にあたっては，つぎの内容を書類にまとめる必要があります．

① 発明者や出願人の住所氏名など

② 発明の内容など

①は願書[†1], ②は特許請求の範囲, 明細書, 要約書, 図面に記載します (**図3.1**)[†2]. ここで, 発明者が理解しておかなければならない重要な書類は, **特許請求の範囲, 明細書, 図面**です. これらは, 特許になったときの権利範囲を決定するものです.

それぞれの書類ごとにその役割と内容を説明していきます.

図 3.1　出願書類

(1) 特許請求の範囲 〜 権利範囲を決める

発明の権利範囲を決めるのが, **特許請求の範囲**です. 発明が特許になると, 特許請求の範囲に記載した内容に従って発明に独占権が与えられます. つまり, 特許請求の範囲は, 土地の登記簿のような役割を果たします.

出願人としては, できるだけ範囲が広くて模倣されにくい権利, つまり強い権利がよいので, 広い範囲の発明として書きたいところです. しかし, 特許請求の範囲が広くなると, すでに知られた技術を含んでしまったり, 重複したりする可能性が出てきます. そうなると, 第4章で説明する実体的要件を満たさなくなり, 特許が取れなくなってしまいます. このため, 特許請求の範囲は, すでに知られている技術と違いを出すように書くのが基本です.

---

†1　特許法第36条第1項.

†2　特許法第36条第2項.

👍 発明例 権利範囲の表し方

➡➡➡➡➡➡➡➡➡➡➡➡➡➡➡➡➡➡➡

コピー機の操作パネル（例）

発明：人が 50 cm 以内に近づいたときに，音声とともに，コピー機の操作表示を開始するパネルを有するコピー機.

（解説） 人が近づいたことを感知する人感センサとスピーカがコピー機に取り付けられていて，人感センサが人を感知すると，その検知信号をコピー機のコントローラに送り，コントローラが操作パネルの表示をオンに切り替える制御を行う．これにより表示パネルの消費電力を節約するとともに，人がコピー機の前に来たときにすぐに操作できるようにガイダンスも音声で発する.

⬅⬅⬅⬅⬅⬅⬅⬅⬅⬅⬅⬅⬅⬅⬅⬅⬅⬅⬅

この発明例の特許請求の範囲は，たとえば以下のように表すことができます.

> 🏅 **コピー機の操作パネル（例）の特許請求の範囲（請求項 1）**
>
> 操作パネルと，
>
> 人感センサと，
>
> スピーカと，
>
> 人感センサから人の検知信号を受信して，操作パネルの表示のオンに切り替えるとともにスピーカから音声を発生させるコントローラを備えるコピー機.

特許請求の範囲の表し方は，特許の範囲を左右するのでとても重要です．とくに，発明をどのような広さの概念で捉えるかによって書くべき項目や内容も変わってきます．詳しくは第 7 章で説明します.

（2）明細書 〜 権利範囲を詳しく説明する

特許請求の範囲に記載した発明の権利範囲について詳しく説明するのが，明細書です．本書では，発明は要素の組み合わせであることを前提に話していますが，その発明の要素や要素どうしの関係などの詳細は，明細書に記載することになります．特許法では，明細書には，発明の名称，図面の簡単な説明，発明の詳細な説明を記載しなければならないとしており[1]，発明の詳細な説明には，特許法の施行規則[2]に従って，「技術分野」，「従来の技術」，「発明が解決

---

[1] 特許法第 36 条第 3 項.
[2] 特許法施行規則第 24 条様式 29.

しようとする課題」，「課題を解決するための手段」，「発明の効果」，「図面の簡単な説明」「発明を実施するための形態」（実施例）のような項目を設けて記載することを推奨しています．

　明細書は発明の解説書といえる重要なものなので，3.2 節でも詳しく説明しますが，ここでは，さきほどの「操作パネルを有するコピー機」の発明（例）を使って，各項目の記載例をまとめてみます．

① **発明の名称**　「コピー機」など

② **発明の属する技術分野**　「本発明は，操作パネルを有するコピー機に関する」など

（解説）　このように簡単に書きます．発明の内容まで書く必要はありません．

③ **従来の技術**　「コピー機には，コピー機の操作を容易にかつ集中的に行うことを可能とするためにタッチパネルのような操作パネルが設けられている．…」など

（解説）　従来の操作パネルを有するコピー機の概要を書きます．

④ **課題**　「一般的なコピー機の操作パネルは，つねに表示されており，電力消費を抑えることが要望されている．また，操作パネルの表示は，コピー機のメーカーごとに異なっており，コンビニなどの店舗に置かれているコピー機を利用する際に，操作パネルの使い方を把握するのに時間がかかったり，誤操作をしたりすることもある．」など

（解説）　従来の操作パネルを有するコピー機の問題を，発明の目的と関連づけて書きます．

⑤ **課題を解決するための手段**　「本発明に従えば，操作パネルと，人感センサと，スピーカと，人感センサからの人の検知信号を受信して操作パネルの表示のオンに切り替えるとともにスピーカから音声を発生させるコントローラを備えるコピー機が提供される．」など

（解説）　特許請求の範囲に記載した内容と同じことを書きます．後述するサポート要件を形式的に満たすためです．

⑥ **発明の効果**　「操作者がコピー機に近づいたときにのみ操作パネルが表示されるので電力を節約でき，また操作者は音声ガイダンスに従って容易に操作を行うことができる」など

（解説）　人感センサの検知信号に応じて操作パネルを表示させたり，音声ガイダンスを発生させたりするメリットを書きます．発明の効果は第 4 章で説明す

る発明の進歩性（特許要件）を主張するうえで重要です.

⑦ **図面の簡単な説明** 「図1は本発明のコピー機の外観を示す模式図である. 図2は, 人感センサ, スピーカ, 操作パネル, コントローラの関係を示すブロック図である.」など

（解説） 図面がある場合に書きます.

⑧ **発明を実施するための形態** 「コピー機は, 図1に示すように, コピー機本体と, コピー機の前面に設けられた操作パネル, スピーカと, コピー機の側面に取り付けられた人感センサと, コピー機の動作を制御するためのコントローラとを主に備える. コピー機本体は, 光源などを有するスキャナと, トナーを転写する転写機構と, 印字された用紙を搬送する搬送機構と, 用紙を収容するトレイなど, 公知の一般的なコピー機が備える機構や部品を有する...」など

（解説） 後述するように, 記載要件を満足する程度に詳しく書く必要があります（3.2節参照）. ここは明細書でもっともボリュームの多くなる欄です. 操作パネルを有するコピー機を構成する各要素, とくに発明を構成する要素の詳細を図面を参照しながら書きます. 3.3節で後述するように, 出願後の補正で特許請求の範囲に加えられる可能性のある事項（付属品や変形例）をなるべく多く書いておくことが重要です.

（3）要約書 ～ 概要を簡潔にまとめる

要約書は, 発明の概要を簡潔に表す欄であり, 学術文献の要約（アブストラクト）に相当します. 課題と解決手段の項目に分けて全体で400字にまとめます. なお, 要約は権利範囲には影響しません[†1].

（4）図面 ～ 明細書をわかりやすくする

文面は明細書にまとめるのに対して, 図表は図面にまとめます. 3.2節で説明する記載要件が十分であれば明細書だけでもよいので, 図面は必ずしも提出する必要はありません. ただし, ものの構造や実験データをわかりやすく示すことができるので, 必要に応じて使うと効果的です. 図の書き方の詳細は規則[†2]に記載されていますが, あまり厳格には適用されておらず, 手書きの図でも許容されることがあります. 図面は何枚提出してもかまいませんが, 通常,

---

†1 特許法第70条第3項.
†2 特許法施行規則第25条様式30.

発明の特徴をもっともよく表す図を図1（最初の図）とします.

とくに制限があるわけではありませんが，発明の技術分野によって，**表3.1**に示すようによく使われる典型的な図の種類があります．方法の発明は，前述のように処理の順序などの時間的要素が入るので，いずれの技術分野でもフローチャートを入れておくのが無難です．

表3.1　技術分野ごとによく使われる図面

発明の技術分野	図面の種類
機械・装置	外観図，断面図，概念図，動作図
電気・電子	回路図，ブロック図，フローチャート
コンピュータ制御・ソフトウエア	フローチャート，ブロック図，概念図
材料，構造物	断面図，拡大写真，実験結果表
化合物，医薬品，組成物，生体	スペクトルなどのチャート，拡大写真，反応式図，実験結果表，模式図，配列図
日用品	外観図，使用方法を表す図，展開図

「操作パネルを有するコピー機」の発明（例）の場合であれば，操作パネルや人感センサなどを備えたコピー機の外観図に加えて，**図3.2**のように人感センサ，操作パネル，スピーカと，コントローラの接続関係を示すブロック図を添付するとよいでしょう.

図3.2　特許：コピー機の操作パネル（例）の図面

なお，米国特許出願においては，特許請求の範囲に記載された発明の構成要素を図に表すことが原則になっています．このため，米国特許出願も意図している場合には，発明の構成要素を漏れなく図に表しておくのがよいでしょう.

3.2　記載要件 ～ 明細書の書き方のルール

明細書に書かなければならない内容は，特許法で決められています．これを

記載要件といいます．記載要件はいろいろとありますが，その多くは形式的なことなので，基本的には弁理士や知財部の担当に任せておけばよいでしょう．研究者や開発者が理解しておきたいのは，つぎの二つの記載要件です．

　・サポート要件（特許法第 36 条第 6 項第 1 号）
　・当業者実施要件（特許法第 36 条第 4 項第 1 号）

（1）サポート要件

　サポート要件とは，**特許請求の範囲に記載した発明は明細書に記載されていなければならない**というルールのことです（**図 3.3**）．逆にいうと，明細書に書いていないことは特許請求の範囲で権利を要求できません．一見，当たり前のことのように思いますが，前述のように発明は概念であり，特許請求の範囲には広い概念，すなわち上位概念が書かれがちです．しかし，そのなかには多くの下位概念が含まれているはずなので，それを網羅するように明細書は書いておかなければならないということです．

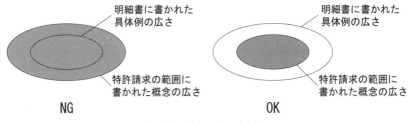

図 3.3　サポート要件とは

　たとえば，特許請求の範囲に発明の要素として「水溶性プラスチック」（上位概念）が書かれていて，明細書には，水溶性プラスチックの例として「ポリビニルアルコール」（下位概念）しか書かれていない場合は，サポート要件を満足していません．なぜなら水溶性プラスチックのなかには，ポリビニルアルコールだけでなく，ポリアクリルアミド，カルボキシメチルセルロース，レゾール型フェノール樹脂，ポリエチレンオキサイドなど多くのものが含まれているので，明細書に書かれていない事項まで特許請求の範囲に含まれてしまっているからです．

　サポート要件を満たすには，

　　「ポリビニルアルコール，ポリアクリルアミド，カルボキシメチルセルロー

　　　ス，レゾール型フェノール樹脂，ポリエチレンオキサイドなど任意のプ
　　　ラスチックを使用できる」

のように，少なくとも**広範な例示を明細書に書いておく必要があります**．ただ
し，それらの水溶性プラスチックの名称を列挙するだけでなく，それらの水溶
性プラスチックでも発明の課題を達成できることの説明や実施例が必要になる
場合もあります．

　たとえば，ヒノキ製の家具の腐食を防止するという課題に対して，ヒノキ製
家具用の塗料に水溶性プラスチックを配合した新しい塗料を発明したとしま
す．この発明を特許出願した明細書に，ポリビニルアルコールを塗料に配合し
てヒノキの腐食が防止されることを示す実施例しかなく，その他の水溶性プラ
スチックを使った実施例が記載されていなければ，この明細書では，ヒノキ製
の家具の腐食を防止するという課題が，ポリビニルアルコール以外の水溶性プ
ラスチックを用いて解決できるかは不明です．このような場合，特許請求の範
囲に書かれた水溶性プラスチックを用いた発明が，ポリビニルアルコールを用
いた塗料は明細書に書かれているが，特許請求の範囲に書かれた水溶性プラス
チックを用いた発明が明細書にサポートされていないという拒絶理由を受ける
場合があります．

(2) 当業者実施要件

　**当業者実施要件とは，特許請求の範囲に記載した発明を，その発明の属する
技術分野の通常の知識を有する者（当業者）が実施できるように明細書にわか
りやすく記載しなければならない**というルールのことです．つまり，ものの発
明の場合であれば，そのものを特定できるとともに，そのものを製造したり使
用したりできるように明細書に記載しておく必要があります．方法の発明の場
合であれば，その方法を実際に使用できるように操作や条件を記載しておく必
要があります．

　特許請求の範囲に記載した発明の要素が，明細書に抽象的に書いてあるだけ
で，具現すべき材料，装置，工程などが不明瞭であり，特許出願時の技術常識
に基づいても当業者が理解できなかったり，発明を実施することができなかっ
たりする場合には，当業者実施要件を満たしていないことになります．

　ただし，ここで重要なことは，その発明を実施できるかどうかを判断するの
は当業者であり，一般人ではないことです．当業者としては，発明者と同様に

その技術分野で開発や研究に携わる人をイメージするとよいでしょう. そのため, 市販装置のマニュアルのように, だれが見てもわかるように詳細に書く必要はありません.

これまでに繰り返し説明してきたように, 発明は「概念」です. このため, 請求項には上位概念の発明, 明細書にはその上位概念に含まれる下位概念や具体例を書くべきです. 明細書に「一部の下位概念」についてのみ実施可能であると記載されていて, 「他の下位概念」については当業者が出願時の技術常識を考慮しても実施できる程度には説明されていない場合に, 当業者実施要件を満たしていないと判断される可能性があります.

特許庁の審査基準には, 当事者実施要件を満たさない発明例として, つぎの具体例があげられています.

　「請求項には, 「合成樹脂を成型し, 次いでひずみの是正処理を行う合成樹脂成型品の製造方法」に関して記載されているが, 発明の詳細な説明には実施の形態として, 熱可塑性樹脂を押し出し成型し, 得られた成型品を加熱して軟化させることによってひずみを除去するもののみが記載されている.」[1]

　(解説) 特許請求の範囲で使用されている合成樹脂には, 熱可塑性樹脂だけでなく熱硬化性樹脂がある. 明細書には熱可塑性樹脂を使った成型品の製造方法とだけしか書かれていないので, 合成樹脂に含まれる熱硬化性樹脂を使ってこの方法を実施しようとすると樹脂が硬化してしまいひずみ除去ができない. このため, 特許請求の範囲に書いてあることは, 明細書を読んでも実施できないので, 当業者実施要件を満たしていない.

記載要件についてまとめると, **権利を取得したい部分を特許請求の範囲に書くだけでなく, その発明を当業者が理解し, 実施できる程度に明細書に書く必要がある**ということです. 漠然としたアイデアだけでは特許出願はできません. これは, 権利が守られている特許期間 (出願から最大で 20 年) が満了した後, だれでもその発明を自由に使えること, すなわち, 自由実施を確実にするためです.

なお, 記載要件については, 上記のサポート要件と当業者実施要件以外に, 明確性要件, 簡潔性要件, 単一性要件[2] などもありますが, これらは弁理士

---

[1] 審査基準第Ⅱ部 第 1 章 第 1 節 実施可能要件 第 8 頁 例 1.

[2] 特許法第 36 条第 6 項第 2-3 号, 第 37 条.

や知財部に任せておけばよいでしょう.

3.3 補正を前提としてまとめる

特許出願した発明がそのまますんなり特許になることは,あまり多くありません.多くの場合,特許の審査段階で,記載要件や実体要件が不備であるという拒絶理由が通知されます.ただし,拒絶理由の通知があったからといってそこで終わりではありません.出願後にすることとして第8章で説明しますが,拒絶理由に対して,特許請求の範囲を補正することで,あらためて審査してもらうことができます.ただし,この補正は出願後にすることですが,出願した書類の範囲内での修正に限られるので,拒絶理由をもらってからではできることが制限されます.このため,出願書類は補正することを前提としてまとめることが重要です.

補正にあたって,明細書や図面についてとても重要なルールがあります.それは,出願後に,**特許出願書類に新たな事項を追加すること(新規事項追加)は認められない**というものです.これを補正の原則といいます.

つまり,拒絶理由が通知されたときには特許請求の範囲を補正できますが,出願した明細書,図面,要約書の範囲内でしか修正できないわけです(**図 3.4**).特許法では,先に出願した人が特許を取得できるという原則(先願主義)[†]に従っているので,この原則に反する新規事項の追加は認められません.なお,先願主義は,いまや世界中の国が採用している原則なので,補正の原則もまた世界中の国で採用されています.

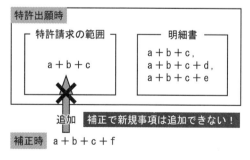

図 3.4 補正で新規事項は追加できない

---

† 特許法第 39 条.

4 新規性と進歩性
>>>>>>>>

発明が特許になるために満たしておかなければならない条件は，前章で説明した記載要件と，もう一つ実体的要件があります．実体的要件とは，発明が新しく（新規性），技術的に進歩していなければならない（進歩性）という質に関するものであり，発明者にとってとくに重要な基準です．

本章では，この実体的要件について，「満たしているかどうかの判断」も含めて説明していきます．

4.1 審査の流れ

発明が特許として認められるまでの審査の流れを図4.1に示します．ハードルは大きく四つあり，まず第1章で説明した「発明であるか」，つぎに第3章で説明した「特許出願書類が記載要件を満たしているか」です．そして，そ

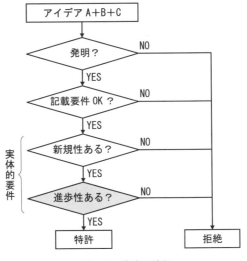

図4.1　審査の流れ

のつぎが本章で説明する実体的要件である「新規性があるか」と「進歩性があるか」です．**新規性**とは，特許出願時に発明が知られていないこと，**進歩性**とは，知られた技術に対して当業者が容易に思い付かないこと，です．

　前述のように，特許は独占権です．このため，すでに知られている技術が特許になれば，これまでその技術を使ってきた利用者が使えない事態となり，社会が混乱します．また，既存技術を少し変更しただけの技術が特許になれば，多くの類似の特許が乱立し，使用に支障をきたすような事態となり，これまた社会が混乱します．そこで，特許と認められるには，新しい技術（新規性）であり，既存のものより優れている技術（進歩性）であることが条件となっています．この二つの要件は互いに関係しており，進歩性は新規性をさらに一歩進めた要件といえます．**拒絶理由の9割は進歩性の欠如**ともいわれるので，特許取得においては，とくに進歩性を理解することが重要です．

　特許庁での新規性と進歩性の審査では，まず特許出願された発明と類似の既存の技術（以下，先行技術）がないかが調査されます．そして，先行技術が見つかった場合は，第2章で説明したように，発明をいくつかの要素の組み合わせと考えて，それぞれの要素について，発明と先行技術とが比較されます．これをふまえて，これ以降は，第2章で説明した「発明は知られた技術の組み合わせ」であることを前提として，新規性と進歩性について説明していきます．

4.2　新規性

（1）新規性とは

　新規性の要件は，特許法につぎのように記載されています．

産業上利用することができる発明をした者は，次に掲げる発明を除き，その発明について特許を受けることができる．
一　特許出願前に日本国内又は外国において公然知られた発明
二　特許出願前に日本国内又は外国において公然実施をされた発明
三　特許出願前に日本国内又は外国において，頒布された刊行物に記載された発明又は電気通信回線を通じて公衆に利用可能となった発明

特許法第29条第1項

つまり発明が，出願する前に，他人に知られたり，他人よって実施されていたり，論文や新聞雑誌などの刊行物に掲載されていたり，インターネット上で公開されていたりすれば，新規性はないということです．

特許法の条文に「日本国内又は外国において」とあるように，発明がどこで知られていたかは関係ありません．日本で知られていなくても，イギリスで知られていれば特許を取ることはできません．つまり，新規性は，世界基準で判断されます．なお，この新規性の要件は，たとえば米国特許法[†1]でも同様のルールがあるように，日本だけでなく世界のほとんどの国で採用されています．

インターネット上，展示会への出品，あるいは学会での発表など，公開したのがたとえ出願人や発明者自身であっても，出願前に他人に知られてしまえば，新規性を失うことになります．このため，特許出願は何よりも先に行う必要があります．どうしても特許出願の前に公開しなければならない，または公開してしまった場合には，特許出願の際に新規性喪失の例外の手続き[†2]をとることで，新規性を失っていない扱いを受けられます．ただし，発表から1年以内の出願である必要があります．

(2) 新規性があるかないか

審査では，新規性の有無について，第2章で説明した「発明は知られた要素の組み合わせ」であるという考え方をもとに判断します．つまり，発明を知られた要素の組み合わせで表した場合に，**その組み合わせが知られているか**どうかを検討します（**図4.2**）．たとえば，発明が要素A，Bからできていたとして，要素A，Bがそれぞれ知られていることは問題ではなく，A＋Bという組み合わせが新しいか，が重要になるということです．

組み合わせが新しいかどうかは，先行技術の状況により判断します．出願人

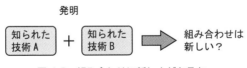

図4.2　組み合わせに新しさがあるか

---

†1　米国特許法 35USC.§102(a).
†2　特許法第30条：発表してから1年以内に出願して，出願から30日以内に発表したことを示す証明する書類を提出することが必要.

や発明者が事前に先行技術を発見したとして，考えられる状況別に対応を説明します．つぎの発明をもとに考えていきます．

例 **発明**：成分 A，B，C を含む食品.
状況：同じ成分 A，B，C を含む食品（先行技術）がある.

◇ 組み合わせがすでに知られているか

　先行技術に，成分 A，B，C を組み合わせた食品そのものが書かれているかどうかがまず重要になります．成分 A，B，C が一つの食品に同時に含まれていれば，もちろん新規性はなしとなります．ただし，もし，ある箇所に成分 A，B からできている食品が，別の箇所に成分 A，C からできている食品が書かれている場合は，成分 A，B，C の組み合わせは先行技術に書かれているとはいえないため，発明は新規性があることになります（**図 4.3**）．

　先行技術 1 に成分 A，B からできている食品が，先行技術 2 に成分 A，C からできている食品が書かれている場合は，成分 A，B，C はそれぞれ二つの先行技術を通じて知られているものの，成分 A，B，C を組み合わせた食品はどの先行技術にも書かれていないので，この場合もこの発明は新規性があることになります．

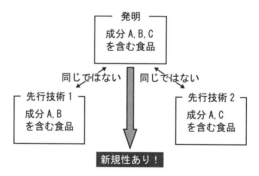

図 4.3　組み合わせが同じでなければ新規性あり

◇ 要素どうしの関係に違いはないか

　第 2 章で説明したように，発明は，知られた要素の組み合わせであるとともに，その要素どうしの関係にも特徴があります．そのため，この要素どうしの関係も新規性の判断に使われます．つまり，要素どうしの結合の仕方，結合位

置，要素間の割合などが先行技術と違えば，そこで新規性を出すことができるのです．

たとえば，元の例をより詳細に比べると，つぎのような状況であったとします．

> **例 発明**：成分 A，B，C を含み，成分 A が成分 B の 2 倍以上の割合である食品．
> **先行技術**：成分 A，B，C を含み，成分 A と B の割合がほぼ同じ食品．

この場合，両者は，食品を構成する成分は同じであるものの，その組成（要素どうしの関係）が異なるので，発明は新規性があることになります．

> **例 発明**：成分 A，B だけを含む食品．
> **先行技術**：成分 A，B，C を含む食品．

この場合，発明は成分 A，B 以外の成分を含まないために，成分 A，B，C を含む先行技術の食品とは異なり，新規性があります．ただし，先行技術との違いを明らかにするために，特許請求の範囲に，発明が成分 A と B だけからなることを記載する必要があります．このように，他の要素を含まない請求項を**クローズドクレーム**といい，他の要素を含む請求項である**オープンクレーム**と区別されます．オープンクレームとクローズドクレームの権利範囲については 7.2 節で説明します．

◇ 組み合わせやその要素の概念が重複していないか

第 2，3 章で説明したように，発明の構成要素や要素どうしの関係もまた概念であるため，その要素が上位概念で表されていれば，そのなかに多くの下位概念が包含されます．

たとえば，元の例をより詳細に比べると，つぎのような状況であったとします．

> **例 発明**：成分 A，B，C を含み，成分 A は糖類である食品．
> **先行技術**：成分 A，B，C を含み，成分 A はラクトースである食品．

この場合，新規性がないと判断されます．なぜなら，糖類とラクトースは言葉のうえでは異なりますが，糖類はブドウ糖（グルコース），果糖（フルクトース），ガラクトースのような単糖類と，ショ糖（スクロース），麦芽糖（マルトー

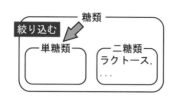

図 4.4 新規性を出すための絞り込み

ス），乳糖（ラクトース）のような二糖類を含む上位概念であり，下位概念の
ラクトースはそのなかに含まれるからです（**図 4.4**）．

　この場合には，発明の成分の一つである糖類を単糖類に絞り込めば，先行技
術のラクトース（二糖類）との違いが出せ，少なくとも新規性は確保されます．

　あるいは，先行技術に記載のラクトースとの重複を避けるために，糖類のと
ころで「ラクトースを除く糖類」のような表現を使用することでも新規性は認
められます．ただし，化学分野でときどき使用される「～ を除く○○」とい
う表現は，あくまで新規性を確保するためには有効ですが，後述する進歩性が
別途必要となります．

　このように，先行技術があったとしても，発明の要素に焦点をあてて見直せ
ば，違い（新規性）を見出すことができる場合があります．

4.3 進歩性

（1）進歩性とは

　進歩性とは，知られた技術（先行技術）よりも技術的に進歩していなければ
ならない（優れていなければならない）という要件です．特許法にはつぎのよ
うに記載されています．

> 特許出願前にその発明の属する技術の分野における通常の知識を有する者が前項
> 各号に掲げる発明に基づいて容易に発明をすることができたときは，その発明に
> ついては，同項の規定にかかわらず，特許を受けることができない．
>
> 特許法第 29 条第 2 項

ここで，「前項各号に掲げる発明」とは，4.2 節（1）で説明した，「国内又は外
国において公然と知られた発明」，「公然と実施された発明」，「刊行物等に記載

された発明」（特許法第 29 条第 1 項第 1-3 号）のことなので，新規性の比較対象と同じです．

前項各号に掲げる発明	公然知られた発明
	公然実施された発明
	刊行物に記載された発明
	インターネットで発表された発明

　進歩性は，表現こそ違いますが，他の国々の特許法においても規定されています．米国特許法では，進歩性を非自明性（non obviousness）とよび，つぎのように規定しています．

A patent may not be obtained though the invention is not identically disclosed or described as set forth in section 102, if the differences between the subject matter sought to be patented and the prior art are such that the subject matter as a whole would have been obvious at the time the invention was made to a person having ordinary skill in the art to which said subject matter pertains.　　　　　　　　35 U.S.C. 103(A)
（たとえ 102 条に規定したように同一の発明が開示または記載されていなくても，特許を得ようとする発明と先行技術との差異が，発明がなされたときに，当事者にとって発明全体として自明であったであろう程度であれば，特許は得られない）

欧州特許条約（EPC）にも進歩性の規定があり，つぎのように規定しています．

An invention shall be considered as involving an inventive step if, having regard to the state of the art, it is not obvious to a person skilled in the art.　　　　　　　　EPC Article 56
（当業者にとって，その発明が，その分野の技術レベルを考慮して自明でなければ，進歩性を備えていると考えるべきである）

　米国と欧州の特許法では，発明が「自明（obvious）」かどうかという言葉が使用されていますが，要するに，特許出願時に世界基準で知られていた技術に基づいて，当業者が簡単にその発明を思いつくかどうかということです．比較対象の先行技術はいずれも世界基準で知られた技術なので，日本でも欧米でも

審査結果は同じになる傾向があります．ただし，「進歩性」と「非自明性」という言葉の違いのとおり，日本では先行技術に対する技術の優位性（効果）を重んじるのに対して，米国では発明自体（発明の構成）の斬新性を重んじるところがあり，日本では特許になった発明が米国では拒絶されることもあります．

（2）進歩性があるかないか

すでに説明したように，審査は，発明を要素に分けて，それぞれの要素を開示している先行技術がないかを調査することで行われます．そして，発明と，それぞれの要素の先行技術を比べたときに，発明の組み合わせが容易に思いつくかを，審査官が当業者の立場になって検討します．つぎの例で考えてみましょう．

例 発明：成分 A，B，C を含む食品．
状況：成分 A，B を含む先行技術 1，食品添加物 C を開示している先行技術 2 がある．

この場合，審査官は，当業者の立場で，先行技術 1，2 から 3 成分 A，B，C からなる食品を容易につくれる（思いつく）かどうかを判断します．この判断は，先行技術 1，2 の技術的な分野や背景にも依存します．たとえばつぎのような状況が考えられます．

例 追加状況 1：先行技術 2 に「成分 C はいかなる食品にも有効」という記述がある．
追加状況 1′：先行技術 2 に「食品添加物 C が成分 A を含む食品には有効ではない」という記述がある．

追加状況 1 の場合は，先行技術 1 の成分 A，B からなる食品にも添加することは，当業者なら普通に考えると判断するでしょう．一方，追加状況 1′の場合は，当業者であっても，添加しようとは考えないと判断するでしょう．

このように，成分 A，B を含む食品に添加物 C を組み合わせることが容易かどうかは，その文献に開示された情報や，成分 A，B，C に関する既知の情報によって異なります．審査基準には，出願した明細書や先行技術の情報が，どのような場合に進歩性を否定する方向に働くか，あるいは肯定する方向に働くかが記されています．このことについて，特許庁の進歩性の審査基準を示しながら少しくわしく説明します．

特許庁の審査基準に，進歩性の判断にかかわる基本的な考え方が記載されています．そのなかでとくに重要な部分がつぎの内容です．

> 審査官は，請求項に係る発明の進歩性の判断を，先行技術に基づいて，当業者が請求項に係る発明を容易に想到できたことの論理の構築（論理付け）ができるか否かを検討することにより行う．当業者が請求項に係る発明を容易に想到できたか否かの判断には，進歩性が否定される方向に働く諸事実及び進歩性が肯定される方向に働く諸事実を総合的に評価することが必要である．そこで，審査官は，これらの諸事実を法的に評価することにより，論理付けを試みる．
>
> 審査基準の第Ⅲ部 第２章 第２節「進歩性」

この内容から，審査官がどのような根拠，どのような手順で進歩性を否定したり肯定したりするかがみえてきます．つまり，この部分をしっかり理解したうえで特許出願を行えば，特許を取れる可能性が一段と高くなります．

上記のなかでもとくに重要なのが，下線部の**「論理の構築（論理付け）」**，**「進歩性が否定される方向に働く諸事実」**（進歩性を否定する要因），**「進歩性が肯定される方向に働く諸事実」**（進歩性を肯定する要因）です．以下ではこの点について具体例を使って順に説明します．

◇ 論理的に導けるか

審査官は，調査によって見つかった先行技術を参照して，発明に容易に至ることができるかどうかを理由とともに考えます．そのうえで，出願人に対して，なぜこの発明が特許にならないかを論理的に説明します．つぎの状況を例に考えてみましょう．

> **例** **発明**：成分 A，B，C を含む食品．
> **状況**：成分 A，B を含む先行技術 1，食品添加物 C を開示している先行技術 2 がある．

この場合，前述のように，先行技術 2 に「成分 C がいかなる食品にも有効である」と記載されていれば，そこから論理付けて，当業者は先行技術 1 の成分 A，B からなる食品に成分 C を添加するだろうと普通に考えます．つまり，**「論理付け」とは，先行技術 1，2 に書かれた事項を組み合わせて発明に至ることが，何らかの理由や証拠をもって論理的に説明できるか**ということです．

◇ 進歩性を否定する要因

審査官が調査で発見した先行技術のうち，発明にもっとも近いものを**主引用発明**，それ以外のものを**副引用発明**といいます．審査基準にある，進歩性が否定される方向に働く諸事実とは，この主引用発明に副引用発明を適用する動機付けのことです．審査基準には，その動機付けとしてつぎの点があげられています．

① 技術分野の関連性

② 課題の共通性

③ 作用，機能の共通性

④ 引用発明の内容中の示唆

つぎの例を使って，① 〜 ④ の動機付けについて説明していきます．

例 **発明**：成分 A，B，C を含む食品．

状況：成分 A，B，C を含む先行技術はない．ただし，成分 A，B を含む先行技術 1，食品添加物 C を開示している先行技術 2 がある．

この場合，先行技術 1 は発明と成分二つが同じで共通点が多いので主引用発明，成分一つが共通の先行技術 2 は副引用発明となります．ここで，主引用発明と副引用発明を結び付けて，成分 A，B，C を含む食品をつくることが容易かどうかが検討されます．

1）技術分野の関連性

例 **追加状況**：先行技術 1，2 ともに食品分野．

分野が同じであれば，その分野の開発者（当業者）ならどちらの先行技術も見ることがあるでしょう．このため，二つの先行技術を結び付けて成分 A，B からなる食品に添加物 C を加える可能性が十分あり，容易に思いつく動機付けといえます．これが技術分野の関連性です．

2）課題の共通性

例 **追加状況**：主引用発明は低カロリーの食品，副引用発明はカロリーを維持しつつ，うまみを出す添加物．

どちらの文献も食品を低カロリーにすることを課題としています．課題が共通していれば，当業者なら主引用発明に副引用発明を結び付けて発明を容易に思いつく動機付けといえます．これが課題の共通性です．

3）作用，機能の共通性

例 追加状況：主引用発明の成分 A，B はともに血液をさらさらにする成分，副引用発明の添加物 C は血液をさらさらにする成分．

どちらの文献も血液をさらさらにするものなので，作用，機能が共通しています．作用，機能が共通していれば，当業者なら主引用発明に副引用発明を結び付けて発明を容易に思いつく動機付けといえます．これが作用，機能の共通性です．

4）引用発明の内容中の示唆

例 追加状況：主引用発明は成分 A，B からなるパン，副引用発明はとくにパンに添加するとソフトな食感になる，いかなる食品にも安全に添加できる成分 C．

副引用発明には「添加物 C をパンに添加するとソフトな食感になる」という示唆があります．このような示唆があれば，当業者なら主引用発明に副引用発明を結び付けて発明を容易に思いつく動機付けといえます．これが引用発明の内容中の示唆です．

上で例示した四つの事項のいずれかが，主引用発明と副引用発明との間にある場合には，それらを動機として「論理付け」て進歩性を否定します．

このように，論理付けがされるような先行技術があれば，特許を出願してもそれらの文献に基づいて進歩性がないとの理由から拒絶される可能性はきわめて高くなります．ただし，事前に先行技術がわかっていれば，対策はとれます．これについては第 6 章で説明します．

◇ そのほかの否定要因

ここまでに説明した動機付けがなくても，進歩性が否定されやすい場合があります．それは，拒絶理由でもよく指摘されることのある「設計変更」と「単なる寄せ集め」です．

1）設計変更

例 **発明**：成分 A と B を含むもの.
状況：成分 A と B を含む先行技術はない. ただし, 成分 B と類似の成分 B′を成分 A とともに開示している先行技術はある.

　本来であれば審査官は成分 A と B を含むものを開示している先行技術を引用する必要があります. ただし, 同じものがなくても類似の要素をもつものがある場合は, その相違を補うために, 審査基準に従って下記の ① 〜 ④ について検討します.

　　① 一定の課題を解決するための公知材料のなかからの最適材料の選択
　　② 一定の課題を解決するための数値範囲の最適化又は好適化
　　③ 一定の課題を解決するための均等物による置換
　　④ 一定の課題を解決するための技術の具体的適用に伴う設計変更や設計的事項の採用

この 4 点のいずれかに該当する場合には, 相違点に相当する部分は当業者の通常の創作能力の発揮にすぎないため, その相違点についてあえて別の先行技術を引用することなく, 成分 A と B′を含むものを開示している先行技術を引用して進歩性を否定しようとします.

　審査基準には, ① 〜 ④ の例として以下のものがあげられています.

　　例 1：球技用ボールにおける外皮側とボール側との接着剤として, 加圧で接着する接着剤に代え, 周知の水反応型接着剤を適用することは, 公知材料のなかからの最適材料の選択にすぎない.

　　例 2：硬化前のコンクリートについて, 流動性を悪化させる 75 μm 以下の粒子の含有量を低減し, 1.5 質量％以下に定めることは, 当業者が適宜なし得る数値範囲の最適化又は好適化にすぎない.

　　例 3：湿度の検知手段に特徴のある浴室乾燥装置の駆動手段として, ブラシ付き DC モータに代えて, 周知のブラシレス DC モータを採用することは, 均等物による置換にすぎない.

　　例 4：携帯電話機の出力端子と, 外部の表示装置であるデジタルテレビとを接続し, 当該デジタルテレビに画像を表示する際に, その画面の大きさ, 画像解像度に適合したデジタルテレビ用の画像信号（デジタル表示信号）を生成及び出力することは, 外部装置の種類や性能に応じて適切

な方法を選択するものであって，当業者が適宜なし得る設計的事項である．

審査基準の例からわかるように，いままで知られていたものや処理方法を，別の知られたものや処理方法に変えるなど，当業者が普通に考える程度の改変は，当業者が普段の仕事において普通に行うことなので，たとえ新しくても進歩性をもたらすほどの発明にはならないということです．これを覆すには，指摘された設計変更について，後述する「発明の効果」，とくに「有利な効果」を主張する必要があります．

2）単なる寄せ集め

機能が異なる二つの道具からなる組み合わせであっても，一方が他方の付属品に過ぎず，組み合わせとして特別な機能や効果がない場合は，進歩性が否定されます．たとえば，付箋付きペン，付箋付きノート，画面クリーナー付きスマホケース，ラジオ付きボイスレコーダー，ライト付き帽子，両面テープ付き素材，消臭剤入り洗剤などです．

特許庁ではこれを「単なる寄せ集め」とよんでいます．審査基準には，つぎのように説明されています．

「先行技術の単なる寄せ集めとは，発明特定事項の各々が公知であり，互いに機能的又は作用的に関連していない場合をいう．発明が各事項の単なる寄せ集めである場合は，その発明は当業者の通常の創作能力の発揮の範囲内でなされたものである．先行技術の単なる寄せ集めであることは，進歩性が否定される方向に働く要素となる．

例：公知の昇降手段 A を備えた建造物の外壁の作業用ゴンドラ装置に，公知の防風用カバー部材，公知の作業用具収納手段をそれぞれ付加することは，先行技術の単なる寄せ集めである」

単なる寄せ集めであると指摘されたなら，これを覆すには後述する「発明の効果」，とくに「有利な効果」を主張する必要があります．

◇ 進歩性を肯定する要因

否定される方向に働く諸事実とは反対に，肯定される方向に働く諸事実があります．進歩性が肯定される方向に働く諸事実は，特許取得の可能性を高める，とても有利な情報や発明の効果です．そのため，特許出願する前には，このよ

うな諸事実をしっかり把握して検証しておくことが重要です.

　進歩性が肯定される方向に働く諸事実として，審査基準には，**有利な効果**と**阻害要因**の二つがあげられています．阻害要因は，進歩性が否定される方向に働く諸事実と逆の考え方です．まずはこちらから説明します.

1）阻害要因

　阻害要因とは，調査で発見した二つの先行技術を結び付けることができない理由付けのことです.

> **例** **発明**：成分 A，B，C を含む食品.
>
> **状況**：成分 A，B を含む先行技術 1，食品添加物 C を開示している先行技術 2 がある.
>
> **追加状況 1**：先行技術 1 には「成分 A，B を含むことで硬い食感が得られる」，先行技術 2 には「添加物 C はソフトな食感を得るもの」，という記載がある.
>
> **追加状況 1′**：先行技術 2 には，添加物 C を実際にいろいろな食品に添加した例が示されており，成分 A を含む食品や成分 B を含む食品には食感をソフトにする効果はなかったが，成分 A や B とは異なる成分 D を含む食品にはそのような効果があったという記載がある.

　追加状況 1 の場合は，この記載を見た当業者であれば，成分 A と B を含む食品に添加物 C を添加すると硬い食感が損なわれるので，そのような矛盾する行為は行わないでしょう．また，追加状況 1′ の場合も，当業者であれば，成分 A と B を含む食品に添加物 C を添加しようとしないでしょう．つまり，前述の「引用発明の内容中の示唆」と同様の考え方で，この場合には「引用発明の内容中の示唆」が二つの文献を結び付けない方向に働くわけです.

　例の場合で，二つの文献を引用して成分 A，B，C を含む食品の発明を進歩性がないとして拒絶されたら，先行技術 2 に前述のように二つの先行技術を結び付けることを阻害する要因となる記載がないかを調べます．そのような記載があれば，それを指摘すれば拒絶を解消することができるでしょう.

🤚特許例 阻害要因による拒絶の解消

➤ ➤

エレキギター（特許第 6743016 号・エアロ 3 ギターズ）†

発明：図 4.5 のように，木材の一部を除去し，できた空洞にハニカム材を入れ，空洞による音波振動の伝達妨害を防止したエレキギター．これにより，ギターの軽量化と無垢木材製のエレキギターと同じ音質を維持できるという効果がある．

（解説） エレキギターは明瞭な音が要求されることから，無垢木材で本体はつくられる．このため，内部が空洞のアコースティックギターに比べてより重くなる．

❮ ❮

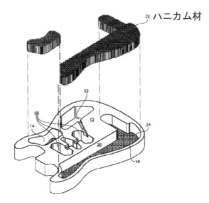

図 4.5 エレキギター（特許第 6743016 号）の図面

この特許の特許請求の範囲（請求項 1）はつぎのとおりです．

🏅**特許第 6743016 号の請求項 1**

エレキギター（10）であって，

無垢木材製のギター本体（12）であって，木材が該ギター本体（12）から除去された 1 つ又はそれより多くの中空部（14）を含む，無垢木材製のギター本体（12）を備え，

前記 1 つ又はそれより多くの中空部はハニカム材料（22）で満たされている，エレキギター（10）．

この発明に対して，特許庁が示した拒絶理由はつぎのとおりです．

特許庁判断：先行技術 1 のエレキギターの空洞に，同じギターの分野の先

行技術２のハニカム材を導入することで容易につくれるため，進歩性な
し．

先行技術１：図4.6(a)に示すように，空室付きのボディをもつエレキギ
ター．

先行技術２：図4.6(b)のように，ボディ中空部にハニカム材を有するア
コースティックギター．

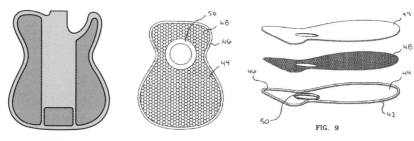

（ａ）先行技術１の　　　　　　（ｂ）先行技術２(米国特許第06233825号)の
　　　エレキギター　　　　　　　　　ハニカム材48

図4.6　エレキギターに関する先行技術の図面

　ここで，発明者が注目したのが，先行技術１の明細書にあった「**独自の空室
構造により，軽量化だけではなく，エレキギター特有のサステインのような音
質の改善につながり，また種々の木質に応じた音色を奏でることに成功した**」
という記載です．なぜなら，先行技術１のボディの空室に先行技術２のハニ
カム材を入れると，先行技術１に記載のボディに空室を設けるという技術思想
を破壊するとともに，先行技術１のギターの売り文句である空室による音質の
改善という効果を損ねることになるからです（阻害要因）．

　このエレキギターの発明は，このことを阻害要因として主張し，拒絶が解消
されて特許になっています．

2）有利な効果

　進歩性が肯定される方向に働く諸事実のもう一つは，**有利な効果**です．有利
な効果は，**発明の進歩性のレベルを高めてくれる**ので，できるかぎり明細書に
書いておきたい事項です．

　有利な効果については，先にあげた「単なる寄せ集め」（進歩性を否定する
方向に働く諸事実）のものと比較するとよく理解できます．

　図 4.7 に示す 100 円ショップで販売している「コロコロローラーペン」は，キャップの先端に小さな美容ローラーが付いたキャップ付きボールペンです．「オフィスでも教室でも……」というキャッチコピーのとおり，ペンを使わないときには，美容ローラーを使って頰や首上をマッサージできるというものです．

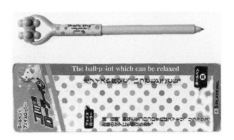

図 4.7　ボールペンと美容ローラーを組み合わせたコロコロローラーペンとそのパッケージ

　この商品は，筆器であるペンと美容器具である美容ローラーの組み合わせです（ペン + 美容ローラー）．同じ分野でなく，課題も効果も異なります．しかし，ペンと美容ローラーはそれぞれの機能を果たすだけで，**相互の関係はありません**．このため，この発明は，「単なる寄せ集め」の発明となり，進歩性は否定されるでしょう．

　これに対して，つぎの発明は，その組み合わせについて進歩性が認められて，特許になっています．

👍 特許例　単なる寄せ集めにならない組み合わせ

≻ ≻

美容ローラー（特許第 5570385 号・ファイテン(株)）
発明：タッピング効果で肌を刺激するマッサージローラー．
（解説）　内筒と内筒に対して回転する外筒ローラーにそれぞれ磁石が取り付けられていて，外筒を肌上で転がしながらマッサージすると，内筒と外筒ローラーの磁石が反発し，そのクリック感により，タッピング効果が生じる（**図 4.8**）．

≺ ≺

　この商品は，美容ローラーと磁石の組み合わせです（美容ローラー + 磁石）．それらが**機能的に関連する**ことで肌に対するタッピング効果を生じさせているため，「単なる寄せ集め」にはならず，進歩性が認められて特許になっています．

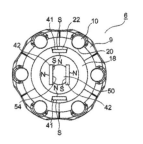

[ファイテン（株）/ ファイテン チタンローラー]

図 4.8 ローラーと磁石を組み合わせた美容ローラー（特許第 5570385 号）

この特許の特許請求の範囲（請求項 1）はつぎのとおりです.

> **🏅 特許第 5570385 号の請求項 1**
>
> 支持杆と，該支持杆の同一軸線上の一方の端部に設けられた把持部と，前記支持杆の同一軸線上の他方の端部に前記同一軸線上を中心に回転回動するように設けられた筒状ヘッドと，前記同一軸線上であって，一方側が前記支持杆の内部に，他方側が前記筒状ヘッドの内部に設けられた軸とを備え，前記筒状ヘッドと，前記軸とのそれぞれに，N 極と S 極とを結ぶ磁軸が径方向となるように永久磁石を設け，前記永久磁石が前記筒状ヘッドの回転時に同極性反発によってクリック感やタッピング感を生じるように同極で対向させたことを特徴とするマッサージローラー.

　このように，要素どうしの組み合わせによって何らかの機能的な関係を生じ，それにより有利な効果が生まれることを示せれば，その効果は，単なる寄せ集めではなく，進歩性を肯定する方向に働きます.

　有利な効果には，この美容ローラーのような**異質な効果**と**同質で顕著な効果**の 2 種類があります．つぎの例で説明します.

例 発明：成分 A，B を含む化粧品.
　　状況：美白効果をもつ成分 A の先行技術 1，美白効果をもつ成分 B の先行技術 2
　　がある.

　この状況では，いずれの先行技術も化粧品に関するものなので技術分野は共通しており，また成分 A も成分 B も美白効果をもつため，作用，機能も共通

しています．このため，「進歩性を否定する諸事実」に当てはまり，二つの先行技術を組み合わせる理由付けがあるので，拒絶されるでしょう．

●異質な効果

もしつぎの状況であったらどうでしょうか．

例 追加状況 1：発明の化粧品は美白効果だけでなく，成分 A も成分 B ももたない抗菌効果がある．

この場合は，抗菌効果が進歩性の肯定する方向に働く可能性があります．なぜなら，抗菌効果は成分 A，B それぞれでは得られない効果であり，当業者であっても先行技術を見ただけでは予想できない効果だからです（図 4.9）．これが**異質な効果**です．異質な効果は，「進歩性を肯定する方向に働く諸事実」となります．

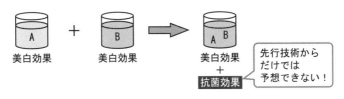

美白効果　　　　美白効果　　　　美白効果
　　　　　　　　　　　　　　　　　＋
　　　　　　　　　　　　　　　抗菌効果

先行技術からだけでは予想できない！

図 4.9　異質な効果

●同質で顕著な効果

もしつぎの状況であったらどうでしょうか．

例 追加状況 2：発明は，先行技術 1 と先行技術 2 がそれぞれもっている効果より著しく向上した美白効果がある．

この場合は，進歩性を肯定する方向に働く可能性があります．先行技術を見た当業者は，それらの成分がもつ美白効果が同程度であれば，それらをどのような割合で混合しても混合物の美白効果は各成分の美白効果のレベルとは変わらないと予想するでしょう．しかし，混合しただけではない相互作用や反応による著しい美白効果が特定の混合比 A/B で生じていれば，当業者であっても予想できないと判断されるわけです（図 4.10）．これが**同質で顕著な効果**です．同質で顕著な効果は，「進歩性を肯定する方向に働く諸事実」となります．

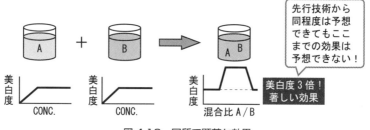

図4.10　同質で顕著な効果

◇ 進歩性を判断する各要因の審査順序

　ここまで特許法で示されている進歩性の判断基準となる要因について説明してきましたが，それらは検討する順序も決められています．審査官が検討する要因の順序は**図4.11**のとおりです．

　調査により見つかった先行技術をふまえて，まず「進歩性が否定される方向に働く諸事実」により「論理付け」できるかを検討します．論理付けができない場合には，審査官は，その発明に進歩性があると判断します．

　論理付けができる場合には，すぐに進歩性がないと判断するのではなく，「進歩性が肯定される方向に働く諸事実」により「論理付け」できるかを総合的に判断します．そして，総合的に論理付けができる場合に進歩性があると判断します．

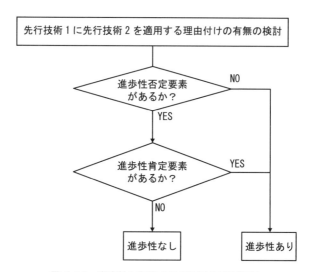

図4.11　進歩性を判断する各要因の審査順序

　つまり，「進歩性が肯定される方向に働く諸事実」は，「進歩性が否定される方向に働く諸事実」があったとしても，それを打ち消して進歩性を肯定する方向に働いてくれるわけです．このため，「進歩性が肯定される方向に働く諸事実」は，進歩性を主張するためのきわめて重要な因子といえます．

　本章では発明が特許になるための実体的要件として，新規性と進歩性を説明しました．発明がこの二つの要件を満足していると特許になる発明といえるでしょう．とくに進歩性については，実際の審査では，上述のような審査基準に沿って先行技術と比較されるので，出願人としてはあらかじめ先行技術に対して進歩性を満しているかどうかを十分に検討したうえで，出願するのがよいでしょう．次章では，先行技術の調べ方や，先行技術に応じた検討事項について具体的に説明します．

先行技術調査

前章で説明した新規性や進歩性が，発明にあるかどうかは，先行技術をもとに判断します．この先行技術を探すのが，先行技術調査です．先行技術がなければ問題ありませんが，多くの場合，なんらかの先行技術があり，どのようなものがあるかによって対応は変わってきます．いずれにしろ，完璧は難しいとしても，この調査を高い精度で行うことは，特許取得のための第一歩といえます．また，調査によって先行技術を知ることは，今後の発明の参考にもなるので，調査方法は発明者も頭にいれておくとよいでしょう．企業の開発者であれば，競業他社の開発動向を知るために有意義な手段となります．本章では，重要な先行技術調査について詳しく説明していきます．

5.1 先行技術調査とは

新規性，その欠如が拒絶理由の 90％ともいわれる進歩性があるかないかを判断するために，特許出願前に必要不可欠な作業が先行技術調査です．言葉どおり，発明と類似の先行技術があるかどうかを調べる作業です．

図5.1 は，先行技術調査とその調査結果をふまえての対応の流れです．第4章でも同じような図を示しましたが，ここでは発明者の視点になっています．ステップ1として，まず発明の構成要素を確認します．つぎにステップ2として，その要素を開示している先行技術を，本章で説明する調査方法に従って探します．ここまでが下準備です．これ以降のステップ3〜8では，発明と見つかった先行技術を比べ，第4章で説明した判断基準に従って新規性や進歩性があるかどうかを検討していきます．以下，この図の手順に従って説明していきます．

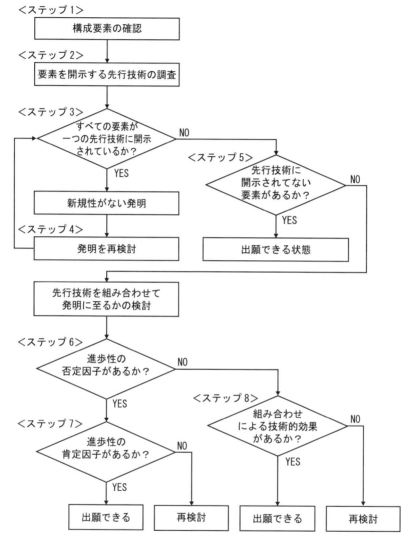

図5.1　先行技術調査を受けての対応の流れ

5.2　構成要素の確認

　先行技術調査で，はじめにすること（ステップ1）は，特許出願しようとしている発明がどのような要素の組み合わせからできているかを確認することで

す．たとえば，第3章であげた「操作パネルを有するコピー機」の発明（例）であれば，構成要素は，人感センサ，スピーカ，コピー機の操作パネル，人感センサからの信号を受けて操作パネルやスピーカを制御するコントローラになります．

このように要素に分けて技術を捉えることは，特許出願の作業の基本となります．先行技術調査でするキーワード検索も，調査で明らかになった先行技術との比較や差別化の検討も，要素を基本単位として考えます．

5.3　実際の調査

（1）調査の基本は要素

ステップ2として，同じまたは類似の発明がないかを調査します．このとき，ステップ1で検討した要素ごとに調べます．前述のように，審査官は，新規性および進歩性があるかどうかの判断のために，まず出願された発明と同様の発明を開示している先行技術がないかを調査します．出願人も同様にこの調査を事前に行い，従来技術を知っておくことで，つぎのようなメリットがあります．

① あらかじめ特許庁の審査において発見されるであろう先行技術を知ることで，特許になるかどうかの可能性がわかり，出願前に新規性や進歩性を満たすように発明を再検討できる．

② 拒絶を解消できるような発明の特徴を明細書にあらかじめ記載することで，万が一先行技術により拒絶理由を受けることがあっても，特許請求の範囲を補正できる．

③ 同一の発明を開示する先行技術があることがわかれば，特許出願を見送り，費用（30万〜50万円（代理人費用込み））を無駄にせずに済む．

④ 他社の先行技術を把握することで，現在行っている研究開発の方向性やテーマを見直すことができる．

（2）調査対象は公開特許公報と特許公報

特許調査の対象となるのは，主に特許文献です．特許文献には，公開特許公報と特許公報の2種類があります（図5.2）．

特許出願日から1年6カ月が経過すると，特許庁は，特許になったかどうかを問わず，番号（公開番号）を付けて，Webサイト「特許情報プラットフォー

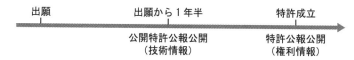

図5.2　公開特許公報と特許公報の違い

ム（J-PlatPat）」を通じて出願内容を公開します．この公開された文献を**公開特許公報**といいます．その後，審査を経て，特許になったら，また新たな番号（特許番号）を付けて，特許情報プラットフォームで権利内容を公開します．この公開された文献を**特許公報**といいます．公開特許公報は，特許出願された発明を社会に示し，他人が後から重複した内容で出願することを防ぐのが目的です．一方，特許公報は，特許になった発明の権利範囲を示し，権利になった技術内容を他人が実施することを防ぐのが目的です．どちらの公報にも，第3章で説明した特許出願時に提出する願書（書誌的事項），明細書，特許請求の範囲，図面に記載した内容が含まれています．

　図5.3は，先に紹介した「トッポの製造方法」の公開特許公報（特開平7-274805）の第1頁です．公開特許公報の第1頁の上段右側には，公開番号と公開された日付（公開日）が書かれています．公開日は，第4章で説明した新規性を判断するうえで重要な情報です．すでに出願した発明と同じ内容を開示した公開特許公報があった場合，発明の出願日よりもその公開特許公報の公開日が先であれば，発明は新規性がないことになります．

　公開特許公報の第1頁の上段左側には，国際特許分類（IPC）の記号「A21D 2/10」などが書かれています．国際特許分類は，条約の下で国際的に統一された分類であり，この記号を見ることで，発明がどの技術分野に属しているかがわかります．記号は左からアルファベットで大分類（セクション），数字で中分類（クラス），小分類（サブクラス），細分類（グループ）となっています．たとえば，トッポの発明の場合，**図5.4**のようにセクション：A，クラス：21，サブクラスD：グループ2/10が付されます[†]．

　公開特許公報上段のIPCの右側に書かれている**FI**（FILE INDEX）は日本の状況に適した分類です．**表5.1**にFIの分類一覧を示します．IPCで分類された技術分野のなかでも日本でとくにたくさん出願される分野では，FIとして細分類されています（この公開特許公報ではFIの具体的な記号が書かれて

[†]　https://www.j-platpat.inpit.go.jp/manual/ja/topics/paten_classification.html

図5.3 トッポの製造方法（特許第2894946号）の公開特許公報

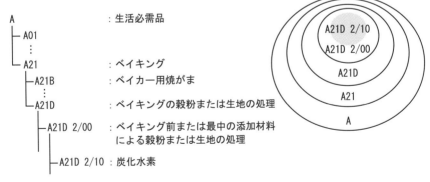

図5.4 IPCの分類体系の例（「トッポの製造方法」の場合）

表 5.1 FI の分類

セクション	分　野
A	生活必需品
B	処理操作；運輸
C	化学；冶金
D	繊維；紙
E	固定構造物
F	機械工学；照明；加熱など
G	物理学
H	電気

いません).

　公開特許公報の第 1 頁の中段には，願書に書いた事項，出願日，出願番号などの書誌的事項が記載されており，下段には発明の名称，要約書の内容が記載されるとともに，代表図面が掲載されています．

　一方，特許公報（**図 5.5 参照**）の第 1 頁には，中段の書誌情報に続けて，特許になった発明の権利範囲（特許請求の範囲）が記載されています．このため，特許公報の第 1 頁を見ることで，その特許の権利者，権利の存続期間，権利内容などがわかります．

　「トッポの製造方法」の特許公報 2 頁以降は，第 3 章で述べたように，従来の技術，発明が解決しようとする課題，課題を解決するための手段，発明の効果，図面の簡単な説明，実施形態（実施例）のような項目が書かれています（実際の特許公報参照）．

（3）キーワード検索と分類による検索

　公開特許公報と特許公報は，特許情報プラットフォーム（J-PlatPat）から調べることができます．特許情報プラットフォームは，日本のみならず欧米なども含む世界の特許・実用新案，意匠，商標などの公報情報，審査経過などの法的状態に関する情報などが収録されており，だれでもインターネットを通じて無料で閲覧できます．先行技術調査は特許情報プラットフォームによるところが大きいので，適切に検索できるかが重要になります．このため，少し詳しく検索方法とポイントを説明します．

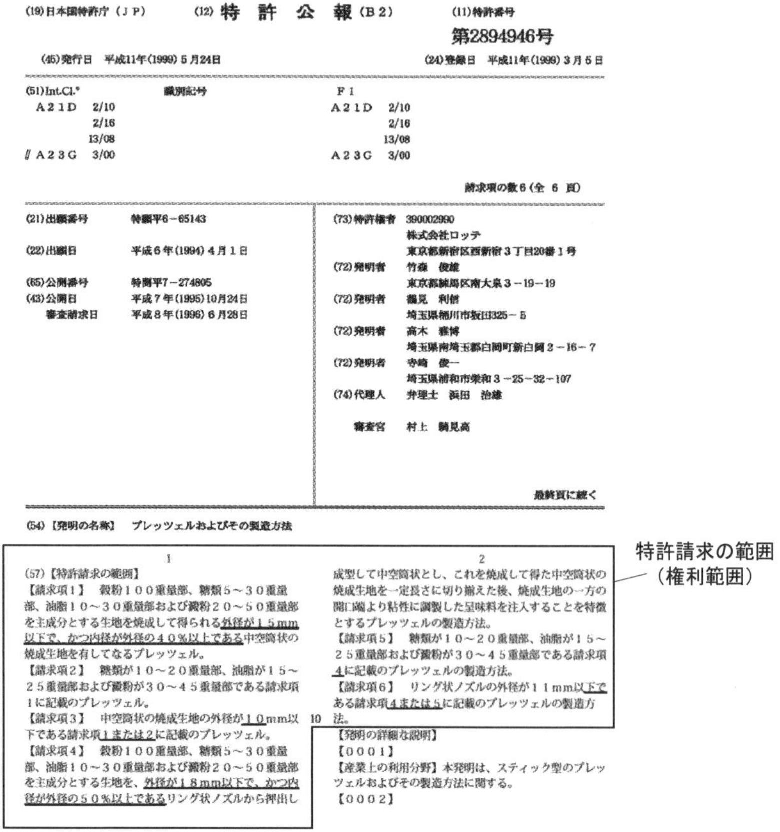

---

(19)日本国特許庁（JP）　　　(12)**特　許　公　報**(B2)　　　(11)特許番号

第2894946号

(45)発行日　平成11年(1999) 5月24日　　　　　(24)登録日　平成11年(1999) 3月5日

(51)Int.Cl.⁶	識別記号		F I	
A 2 1 D	2/10		A 2 1 D	2/10
	2/16			2/16
	13/08			13/08
// A 2 3 G	3/00		A 2 3 G	3/00

請求項の数6（全　6　頁）

(21)出願番号	特願平6-65143	(73)特許権者	390002990
(22)出願日	平成6年(1994) 4月1日		株式会社ロッテ
			東京都新宿区西新宿3丁目20番1号
(65)公開番号	特開平7-274805	(72)発明者	竹森　俊雄
(43)公開日	平成7年(1995)10月24日		東京都練馬区南大泉3-19-19
審査請求日	平成8年(1996) 6月28日	(72)発明者	鵜見　利信
			埼玉県桶川市坂田325-5
		(72)発明者	高木　雅博
			埼玉県南埼玉郡白岡町新白岡2-16-7
		(72)発明者	寺崎　俊一
			埼玉県浦和市栄和3-25-32-107
		(74)代理人	弁理士　浜田　治雄
		審査官	村上　騎見高

最終頁に続く

(54)【発明の名称】　プレッツェルおよびその製造方法

1	2
(57)【特許請求の範囲】	成型して中空筒状とし、これを焼成して得た中空筒状の
【請求項1】　穀粉100重量部、糖類5〜30重量	焼成生地を一定長さに切り揃えた後、焼成生地の一方の
部、油脂10〜30重量部および澱粉20〜50重量部	開口端より粘性に調製した呈味料を注入することを特徴
を主成分とする生地を焼成して得られる外径が15mm	とするプレッツェルの製造方法。
以下で、かつ内径が外径の40%以上である中空筒状の	【請求項5】　糖類が10〜20重量部、油脂が15〜
焼成生地を有してなるプレッツェル。	25重量部および澱粉が30〜45重量部である請求項
【請求項2】　糖類が10〜20重量部、油脂が15〜	4に記載のプレッツェルの製造方法。
25重量部および澱粉が30〜45重量部である請求項	【請求項6】　リング状ノズルの外径が11mm以下で
1に記載のプレッツェル。	ある請求項4または5に記載のプレッツェルの製造方
【請求項3】　中空筒状の焼成生地の外径が10mm以	法。
下である請求項1または2に記載のプレッツェル。	【発明の詳細な説明】
【請求項4】　穀粉100重量部、糖類5〜30重量	【0001】
部、油脂10〜30重量部および澱粉20〜50重量部	【産業上の利用分野】本発明は、スティック型のプレッ
を主成分とする生地を、外径が18mm以下で、かつ内	ツェルおよびその製造方法に関する。
径が外径の50%以上であるリング状ノズルから押出し	【0002】

特許請求の範囲
（権利範囲）

図5.5　トッポの製造方法（特許第2894946号）の特許公報

◇ キーワード検索

　検索では，ステップ1で確認した要素をキーワードとして使います．特許情報プラットフォームのWebサイトには**図5.6**のように，「特許・実用新案」，「意匠」，「商標」，「審判」の調査分野メニューがあり，「特許・実用新案」にカーソルを置くと出てくるプルダウンメニューの「特許・実用新案検索」のアイコンをクリックすると，**図5.7**のように検索項目とキーワードを入力するボックスが現れるのでそこで検索します．特許公報や公開特許公報における，発明者や出願人名などの書誌事項，発明の名称，要約書，特許請求の範囲，あるい

図5.6 特許情報プラットフォーム

図5.7 特許情報プラットフォームでの検索

は出願書類全体などでも検索できるので，必要に応じて使うとよいでしょう.

　技術用語をキーワードとして調べるのであれば，検索項目として「要約／抄録」，「特許請求の範囲」または「全文」を選択します.「全文」で検索すると，かなり広い範囲の文献がヒットします.

　発明の名称は主観的な名称が付されている場合が多いために，それだけで検索すると，ヒット数が限られ，漏れが出てしまう可能性が高くなります. キーワード検索では，各要素を入力し，すべて含まれる場合にヒットする AND 検索を行います. このとき，特許出願書類の執筆者によっては，同じことでも表現が異なる場合があるので，OR 検索を使って類似の用語も含めて，漏れを防

ぐことが重要です. たとえば, 光を集光させる「レンズ」であれば,「光学素子」,「集光素子」のような用語も使われる可能性がありますし, 金属の「銅」は,「Cu」のように元素名で表記されることもあります. また, 検索結果が多い場合には, 特定のキーワードを除外する NOT 検索を組み合わせて使うのもよいでしょう.

　つぎに示す海水淡水化装置の発明を例に, キーワード検索を具体的に説明します.

> 例　発明：ドーナツ状の浮き（浮き輪）, 浮きの中央の開口部を塞ぐように設置されたレンズ, 浮きの内周に渡って設置された水回収部からなる装置（図 5.8）. レンズによって浮きの内側の海面に太陽光線が集光されると海水が蒸発し, 蒸発した水蒸気はレンズと浮きによって封鎖された空間内で凝縮してレンズや浮きの表面で結露し, 水回収部に流れ落ちる. そして, 水回収部に溜まった水を飲料にできる. 船がエンジントラブルなどで漂流して, 飲み水が欠乏したときに役立つ.

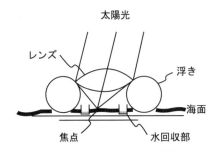

図 5.8　海水淡水化装置（例）

　まずはキーワードの選定です. この発明に必要な要素は,「レンズ」,「浮き」,「回収」なので, それらを同時に開示している文献を探します. なお, 検索対象となる文献種別としては, とりあえず国内文献にチェックを入れるだけで十分でしょう（図 5.9 参照）. 外国文献や学術文献のような非特許文献も調査したいときには, それらにチェックを入れて検索対象とします.

　図のように三つの検索項目：全文に,「レンズ」,「浮き」,「回収」をそれぞれ入力します.

　この装置の発明の課題（目的）は, 海水の淡水化です. 前述のように, 公開公報の要約の欄には, 発明の課題を書くことになっているので, 検索項目：「要約/抄録」のキーワードに,「淡水化」も入力します.

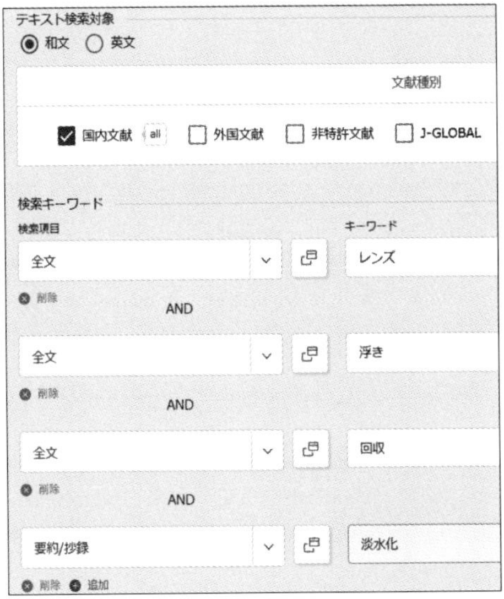

図 5.9 テキスト検索 1

　ここで，用語のばらつきによる漏れを防ぐため，発明の要素の同義語もキーワードに加えます．「レンズ」であれば「光学素子」，「集光素子」などを，「浮き」であればカタカナ表記の「ウキ」や英語読みの「フロート」などを加えます．「回収」は，水の「受け」，水の「凝集」などと表現することもありますし，「淡水化」は，「水生成」などと捉える人もいるので，それらを加えます（**図5.10**）．キーワードの欄にスペースを入れて続ければ，それらの用語の OR 検索になります．

　以上の検索で得られた結果が**図 5.11** です．検索結果の文献番号をクリックすると，各文献の内容を見ることができます．

　ここでは三つのキーワードをいずれも検査項目：全文に入れましたが，検査項目：特許請求の範囲または要約／抄録に使ってもよいでしょう．漏れをなくすために，検査項目，要素の同義語，要素の項目の選択を何度か変えて行います．

　ヒットした文献があまりに多いときには，さらに検索で掛け合わせるキーワードを増やしたり，除外するキーワード（図 5.10 の最下のアイコン）を加えたり（NOT 検索）して，範囲を狭めます．あるいは，「除外するキーワード」のアイコンの下に検索オプションという項目があるので，そこで文献が公開さ

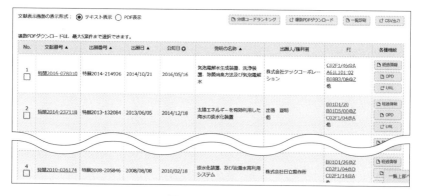

図5.10　テキスト検索2

図5.11　検索結果

れた期間を絞り込んでもよいでしょう．たとえば，2015 年 1 月 1 日 ～ 2021
年 12 月 31 日の期間を選んで，その期間に公開された文献だけを調べること
もできます．

　その他の便利な機能として近傍検索があります．近傍検索のアイコンはキー
ワードの入力枠の右側に表示されており，クリックすると図5.12 のような画
面が現れます．

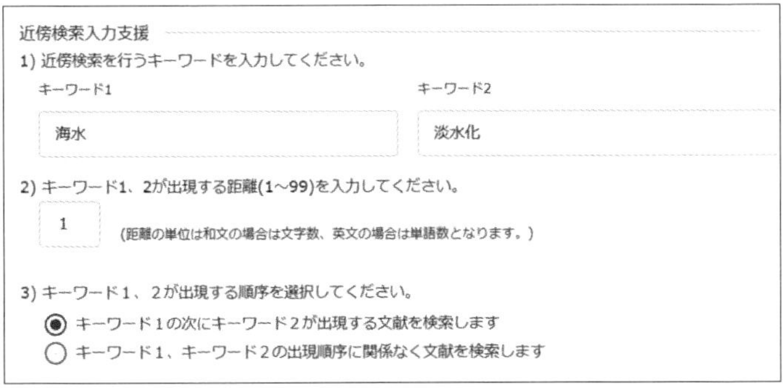

図5.12　近傍検索

　近傍検索では，二つの用語が離れて使用されている可能性がある場合でも漏れなく調べられます．たとえば，「海水淡水化」という表現は，「海水の淡水化」や「海水を淡水化する」のように使われることもあるため，近傍検索で，「海水」と「淡水化」を選ぶとともに，その二つの用語が離れて使われる可能性のある文字間隔を１と入力すると，文字間隔が１語以内で用語「海水」と「淡水化」がセットで現れている文献がすべてヒットします．

　なお，上記発明例の海水淡水化装置と同じ発明が特開 2007-90159 に開示されていました．

◇ **分類による検索**

1）IPC，FI

　先に説明した国際特許分類（IPC）や日本の特許分類に適した分類 FI（FILE INDEX）も検索に使えます．IPC や FI を利用すれば，分野を絞り込むことができます．

　たとえば，上の調査結果の右側には FI が記載されており，CO2F，B01D など共通の記号（サブセクション）があります（**図5.13**）.

　サブセクションの技術分野の確認は，最初の画面の「特許・実用新案」にカーソルを置くと出てくるプルダウンメニューの「特許・実用新案分類紹介（PMGS）」から行います（**図5.14**）.「特許・実用新案分類紹介（PMGS）」をクリックすると，**図5.15** のように，分類記号を入力するボックスが現れます．ここで，FI/ファセットを選択し，先ほど見つけたサブセクション記号，たとえば CO2F を入力して照会をクリックすると，**図5.16** のように，CO2F

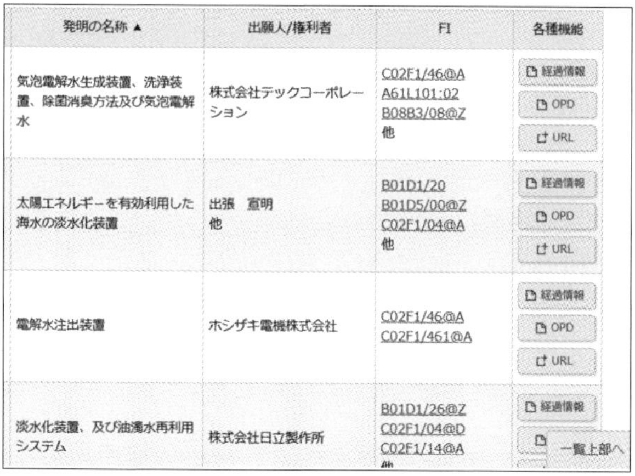

発明の名称 ▲	出願人/権利者	FI	各種機能
気泡電解水生成装置、洗浄装置、除菌消臭方法及び気泡電解水	株式会社テックコーポレーション	C02F1/46@A A61L101:02 B08B3/08@Z 他	経過情報 OPD URL
太陽エネルギーを有効利用した海水の淡水化装置	出張 宣明 他	B01D1/20 B01D5/00@Z C02F1/04@A 他	経過情報 OPD URL
電解水注出装置	ホシザキ電機株式会社	C02F1/46@A C02F1/461@A	経過情報 OPD URL
淡水化装置、及び油濁水再利用システム	株式会社日立製作所	B01D1/26@Z C02F1/04@D C02F1/14@A 他	経過情報 一覧上部へ

図 5.13　分類による検索

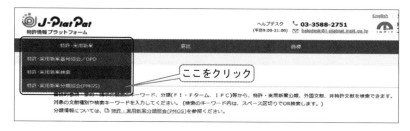

図 5.14　技術分野の確認

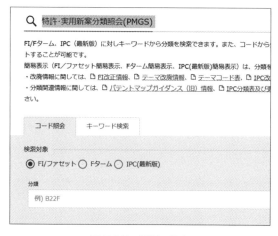

図 5.15　分類の検索

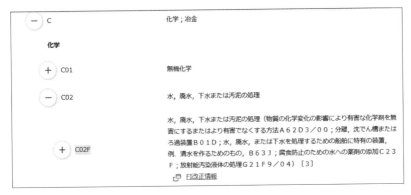

図5.16　分類の検索結果

が意味する技術やその周辺の記号の技術が表示されます. キーワードとともに, IPC や FI のサブセクション記号を入力して検索すると, キーワードだけの調査より効率的になる場合があります.

2) F ターム

IPC と FI 以外の分類として, F タームがあります. IPC と FI が技術的観点 (技術の分野だけ) から分類されているのに対して, F タームは複数の観点 (発明の目的, 用途, 材料, 制御, 制御量など) から細分類された分類です (**図 5.17**). とくに件数の多い分野を約 2600 テーマに分けて分類されています. 最初の 5 桁がテーマ (たとえば, 釣竿, 傘, 菓子など) を表し, つぎの 2 文字が観点 (種類, 目的など) を表します. たとえば傘がどのように分類されて

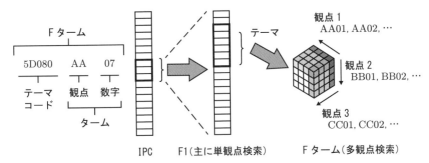

図5.17　F タームの分類 ［特許庁「特許分類の概要とそれらを用いた先行技術
文献調査」39 頁の図, https://www.jpo.go.jp/news/shinchaku/event/seminer/
document/chizai_setumeikai_jitsumu/05_text.pdf］

いるかを見るには，「特許・実用新案分類紹介（PMGS）」の検索画面からキーワード検索をクリックして，キーワードとして「傘」を入れます．すると，検索結果を表す画面（**図5.18**）から「傘」を表すテーマコード3B104がわかり，このコードをクリックすると，「杖，傘の細部」，「傘の形状」などの観点が現れ，それに該当する番号を検索に使用できます（**図5.19**）．発明者の研究対象がどのテーマコードに属するかがわかると検索が漏れにくくなり，効率的に行うことができます．

図5.18 Fタームによる検索結果1

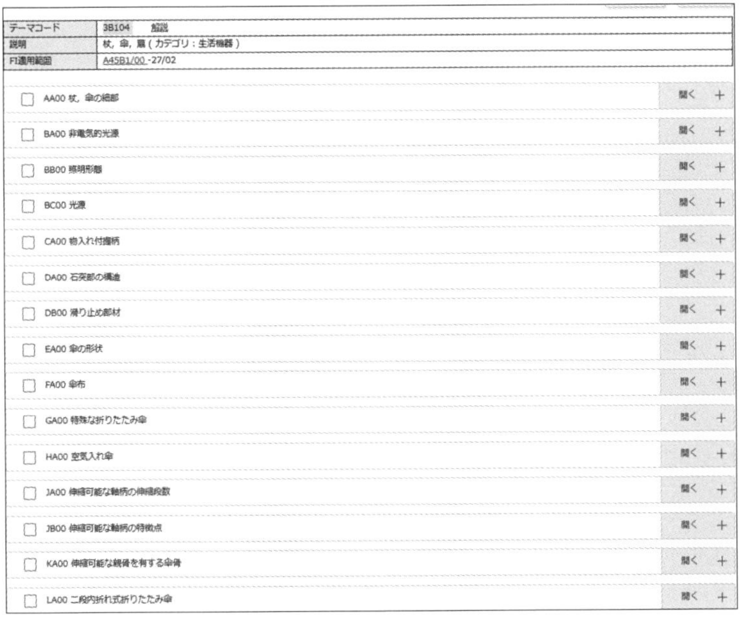

テーマコード	3B104　解説		
説明	杖, 傘, 扇 (カテゴリ：生活機器)		
FI適用範囲	A45B1/00 -27/02		

	AA00 杖, 傘の細部	開く	+
	BA00 非電気的光源	開く	+
	BB00 照明形態	開く	+
	BC00 光源	開く	+
	CA00 物入れ付握柄	開く	+
	DA00 石突部の構造	開く	+
	DB00 滑り止め部材	開く	+
	EA00 傘の形状	開く	+
	FA00 傘布	開く	+
	GA00 特殊な折りたたみ傘	開く	+
	HA00 空気入れ傘	開く	+
	JA00 伸縮可能な軸柄の伸縮段数	開く	+
	JB00 伸縮可能な軸柄の特徴点	開く	+
	KA00 伸縮可能な繞骨を有する傘骨	開く	+
	LA00 二段内折れ式折りたたみ傘	開く	+

図 5.19　Ｆタームによる検索結果 2

5.4 先行技術があったときの対処

　発明の要素を確認し，それをもとに先行技術を調査したら，つぎは調査結果をふまえて対応を考えるステップ 3 です．先行技術に同じ発明があった場合，先行技術にいずれかの要素がなかった場合，先行技術に類似の発明があった場合の三つの場合に分けて説明します．

(1) 同じ発明があったとき

例　**発明**：成分 A, B を含む生地に添加材 C を加えたパン.
　状況：成分 A, B, C を含む先行技術がある.

　このまま出願すれば，審査では新規性なしとして拒絶されてしまいます．しかし，すぐにあきらめる必要はありません．ここで，発明が新規性をもつように再構築または改変できないかを検討します．たとえば，発明（A + B + C）を構成する要素や要素どうしの関係について，調査で発見した文献の発明とは

異なるように変更できないかを検討するわけです.

　もともとの発明の課題は解決できるものとして，たとえば，つぎのような改変が可能かどうかを検討してみます.

　　　・発明のパン生地にさらに別の成分 D を「付加」して四つの成分 A，B，
　　　　C，D を含むパン生地の組成物に変更する.

　　　・発明のパン生地の成分 C を他の成分 D に置き換えたパン生地の組成物
　　　　（A ＋ B ＋ D）に変更する.

　　　・三つの成分 A，B，C の組成（A：B：C）を文献に開示されたパン生
　　　　地組成物（A ＋ B ＋ C）の組成と異なる範囲に特定（組成限定）する.

　発明が三つのパーツや部材 A，B，C を有する構造物の場合にも，別の要素の「追加」や「置換」以外に，それらのパーツ間の結合の仕方や取り付け位置などを追加したり変更したりして，同じパーツをもつ文献に開示された構造物と差別化することが考えられます. 　第 2 章で示した，要素のアレンジパターンを参考に，改変できないかを検討するとよいでしょう.

　いずれの改変においても，本来の発明の課題を解決できる範囲内で検討し，改変によっても進歩性が失われないようにすることが前提です.

　発明を再構築または改変して新規性をもつようにできれば，調査で同じ発明がなかった場合となります.

（2）部分的に同じ発明があったとき

　同じ発明がなかったときは，発明を構成するいずれかの要素が同じ文献と比較します. たとえば，発明 A ＋ B ＋ C に対して，成分 A ＋ B の発明があった場合は，C を開示している文献がなければ，進歩性をもつことになります. ただし，要素 C が第 4 章で説明した設計変更にあたらないかを注意する必要があります.

（3）類似の発明があったとき

　発明の要素がいずれも複数の文献にわたって開示されている場合には，進歩性の有無の判断が必要になります.

例 **発明**：成分 A，B，C を含む組成物.

状況：成分 A，B を含む組成物の先行技術 1，その先行技術 1 と同じ分野で成分 A，C を含む組成物の先行技術 2 がある.

要　素	A	B	C
発　明	○	○	○
先行技術 1	○	○	×
先行技術 2	○	×	○

　このまま出願すると特許庁により二つの先行技術に基づいて進歩性がないとして拒絶される可能性があります. 二つの先行技術が同じ技術分野であるため，それらを結び付ける動機付けがあるとして，進歩性を否定する方向に働く諸事情となるからです. 進歩性を否定する動機付けになるものとしては，4.3 節(2) で説明したように，「技術分野の関連性」，「課題の共通性」，「作用，機能の共通性」，「引用発明の内容中の示唆」があります.

　進歩性を否定する方向に働く諸事情があったときは，まずは進歩性を肯定する方向に働く諸事情があるかを検証します. まず，第 4 章で説明したように，阻害要因はないかを先行技術から判断します. もし，先行技術 1 の発明に先行技術 2 の発明を適用できないような教示や示唆があれば，二つの先行技術を組み合わせることができない有力な証拠となります. あるいは，発明が，先行技術 1，2 に対して有利な効果（異質な効果や同質で顕著な効果）があれば，審査過程においても進歩性を主張しやすくなります（4.3 節参照）.

　進歩性を肯定する方向に働く諸事情があれば，特許出願できる状態といってよいでしょう. 一方，進歩性を否定する方向に働く諸事情があり，進歩性を肯定する方向に働く諸事情がない場合には，再度，発明を再検討する必要があります.

　進歩性を否定する方向に働く諸事情がなければ，発明の要素を組み合わせることによる技術的効果があるかどうかを確認します. 組み合わせによる技術的効果があれば，ひとまず進歩性があるとして出願を進めます. 技術的効果が要素の技術効果の総和に過ぎない程度であれば，単なる寄せ集めの発明とされる可能性があるので発明の再検討になります.

　本章で説明したように，発明がいったんできた段階であっても，同一または類似している発明がないかを調査し，それをふまえて必要に応じてなんらかの対策をとったうえで，特許出願に進むことが重要です．次章では，調査から明らかになった先行技術をふまえて，どのように進歩性をもたせるか，具体例を使って説明します．

進歩性の出し方

>>>>>>>>>

　審査で拒絶される理由としてもっとも多いのが，「進歩性」の欠如です．このため，進歩性をいかに示すかがカギになりますが，先行技術調査から発明に進歩性がなさそうだと思われても，見直すことで，進歩性を向上させることは可能です．本章では，第4章の進歩性の考え方や審査基準をふまえて，進歩性の見出し方について説明します．ポイントは，発明の新たな課題，要素どうしを関係付ける要素，目的・用途に合わせた要素です．

6.1　有利な効果

　発明の進歩性が認められるには，進歩性を肯定する方向に働く因子である「有利な効果」と「阻害要因」があることが重要です．とくに出願前に準備しておきたいのは，有利な効果である「異質な効果」と「同質で顕著な効果」です．ここでは，この二つの効果を奏するための方法について説明します．

（1）異質な効果

　第4章であげた異質な効果の例をもう一度みてみます．

例 **発明**：それぞれ美白効果をもっている，成分Aの化粧品と成分Bの化粧品を混合（組み合わせ）した化粧品．混合により，新たに抗菌効果が生じた．

　この例で生じた抗菌効果は，成分A，Bを混合した結果として化学反応により得られた効果です．このような化学反応は予測どおりにいくとは限らないので，意図的に生み出しづらい効果といえます．このように，化学や生物学のような自然の摂理に従う分野では異質な効果を見出しづらいこともありますが，人間がコントロール可能な分野では，異質な効果を意図的に生み出すことができます．それは，**できた発明の課題を見つけて解決する**ことです．

　第2章で説明したように，発明の効果は課題の裏返しです．発明の動機とし

て問題などの課題があり，その課題を解決することが発明の効果となるからです．このことをふまえれば，発明の新しい効果は，新しい課題を見出すことによって生じさせられることになります．

　つぎの例で考えてみましょう．

例 発明：要素 A，B，C を有し，課題 α を解決する．

　このまま出願してもかまいません．ただし，このまま出願してもし審査で要素 A，B，C を有する発明が見つかり，新規性か進歩性が否定され，拒絶されるとそれでおしまいです．そこで重要となるのが，出願前のこの段階で発明を見直し，特許になる可能性を高める，つまり進歩性が認められやすいようにすることです．見直すとは，**発明に新たな課題がないかを検討して改良する**ということです．

　発明を見直して課題 β が見つかれば，要素 D を追加するなどして，改良発明（A ＋ B ＋ C ＋ D）をつくります．すると，この改良発明は課題 α，β 両方を解決できる効果があることになりますが，発明が新規性のあるものであれば，発明の課題である β は発明者にしか知り得ないものということになります．このため，課題 β の解決によって得られる効果は，ほかにはない異質な効果となる可能性が高いということです（**図 6.1**）．当初の発明を既存技術として新たな発明を加えるイメージです．

図 6.1　進歩性が生まれる改良発明

発明の課題を見つける流れについて，もう少し具体的な例で考えてみます．

例 発明：食品工場において，作業員が食品の加工やパッケージングなどを行う所定の場所に食品を運搬するための，回転式アームと光センサを組み合わせたシステム 1（**図 6.2**）．光センサは「レーザビームを発光する発光器」と「それを受光する受光器」とからなり，食品がレーザビームを遮ることにより，食品が所定の場所に来たことを認識し，回転アームが停止する．
先行技術 1：食品の検出手段として光センサを用いるもの（**図 6.3**(a)）．ただし，搬送手段はベルトコンベアである．ここでは主引用発明にあたる技術．

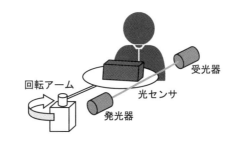

図6.2 システム1（最初の発明）

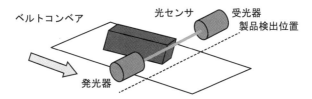

（a）光センサとベルトコンベアを使った搬送システム（先行技術1）

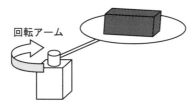

（b）回転アームを使った搬送システム（先行技術2）

図6.3 先行技術

先行技術2：回転アームを用いて食品を搬送する回転装置（図6.3(b)）．回転アームの移動範囲はアーム自体の回転角度で決定する．ここでは副引用発明にあたる技術．

システム1と，先行技術1，2の要素や技術分野を比べると，つぎのように整理できます．

	要　素			技術分野
システム1（発明）	光センサ	回転アーム		食品搬送
先行技術1	光センサ		コンベア	食品搬送
先行技術2		回転アーム		食品搬送

コンベアや回転アームでの搬送は，第5章で説明したIPC（国際特許分類）およびFI（日本の特許分類）の分類いずれにおいてもB65Gというサブクラスに属します．つまり，二つの先行技術の技術分野は同じなので，二つの先行技術を組み合わせてシステム1に至る動機付けがあるという理由から進歩性については弱い可能性があります．

そこで，システム1に課題（さらなる改善の余地）がないかを検討します．課題をみつけてそれを解決すれば新たな効果になります．どのような発明でも課題は必ずあるので，この「新たな課題 → 解決 → 異質な効果」という流れは連鎖し，進めれば進めるほど進歩性は向上していきます．システム1で，課題の掘り起こし，解決を行うと，たとえば，つぎのように向上させられます．

1）システム1の課題
「光センサが横方向の配置だと，光線を作業者の手が遮断してしまう」

この課題の解決の一例として，**図6.4**に示すように，光センサの配置を上下方向に変更することが考えられます（システム2）．ただし，光センサの配置を上下にすると，光線がトレイによって遮られてしまうため，光路を食品が通過するときだけ受光器に光が入らないように，トレイを透明な材料にするなどさらなる改良に気が付きます．

図6.4　システム2

システム2は，「光センサの上下配置」，「トレイの透明化」という点で，システム1とは異なります．そして，食品を搬送して所定位置に止めるという本来の効果に加えて，光センサを使ってもその光路を作業者の手が遮断しないという別の効果を奏しています．この別の効果は，先行技術1のシステム，先行技術2の回転アームの機能や構造からは生じないですし，予測もできないで

しょう．そのため，システム2は，異質な効果があるといえます．

2) システム2の課題

「形，大きさに関わらず，食品はつねに中央に来ないと作業がしづらい」

この課題の解決方法としては，**図6.5**の装置のように，図6.4の装置の透明なトレイの外縁に反射枠を取り付けることが考えられます（システム3）．これにより，光線が反射するのは，トレイの外縁（枠）と食品になります．まずトレイの外縁が光線を遮ることで，光信号の遮断が検知され，つぎに，光線がトレイの透明な領域を通って光信号が検知され，続いて食品が光線を遮ることで，再び光信号の遮断が検知されて，食品が所定位置に到着したことが検知でき，光を遮断する信号から食品のトレイ上の位置を求めることができます．信号をモニターして回転アームのメンテナンスや回転位置制御に役立てることもできます．

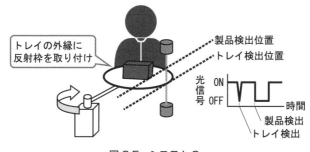

図6.5　システム3

システム3は，食品を搬送して所定位置に止めるという本来の効果に加えて，トレイ上の食品の位置を検出して，トレイ上で食品の位置制御を可能にするという効果があります．この効果は先行技術1，2から生じることはなく，予測もできないでしょう．そのため，システム3もまた異質な効果があるといえます．

3) システム3の課題

「透明なトレイの表面の傷や汚れは光の透過率が低下し，誤検出が生じるので，トレイは洗浄や交換が必要になる」

この課題の解決方法としては，**図6.6**のように，トレイを金属のような反

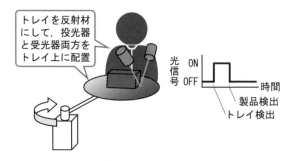

図6.6　システム4

射材とし，光センサを構成する投光器と受光器をトレイの上方に設置することが考えられます（システム4）．これにより，トレイが所定位置に来れば反射により光線を検知でき，光線が食品に当たれば反射しないため検出信号が途絶え，食品が所定位置に到達したことがわかります．検出信号のパターンはシステム3とは異なりますが，受光器の検出信号が生じたときから途絶えたときまでの時間からトレイ上の食品の位置を求めることができます．

　システム4は，食品を搬送して所定位置に止めるという本来の効果に加えて，図6.5のシステム3とは別の機構を用いてトレイ上の食品の位置を検出して，トレイ上で食品の位置制御を有効化するという効果を奏しています．この効果は先行技術1，2から生じることはないですし，予測もできないでしょう．そのため，システム4もまた異質な効果があるといえます．また，システム4は，システム3がもしも知られていたとしたならば，透明トレイによる問題を解決している点でもさらなる効果が生じています．

　このように，いろいろな側面から発明を検討して課題を抽出し，効果を出し

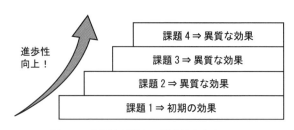

図6.7　課題を解決して進歩性を向上させる

て盛り込めば，元の発明に比べて異質な効果のある発明になります．新規性の
ある発明から生じる課題に対しての効果はこれまでにないものなので，見直し
て効果を加えることを繰り返すほどに進歩性が向上します．

👍 **特許例** 「課題 → 解決」を繰り返せば進歩性は向上する

▶ ▶

多機能段ボールカッター（特許第 6006450 号）

最初の発明：切り刃とそれを挟んである 2 枚の平板が蝶番で開閉可能な形で連
結されているカッター（**図 6.8**）．

（解説） 平板を 90°に開いて段ボールの角に沿って移動させれば角（**図 6.9
(a)**）を，平板を 180°に開いてあらかじめ段ボール側面に引いた線に沿って移
動させれば側面（**図(b)**）を切断できる．

先行技術：発明と同じ構造の牛乳パック用のカッターの特許（実開平 5-60473
号）がある．段ボールも牛乳パックも紙からできているので技術分野に大差は
ない．

新たな課題とその効果：側面の切断ではあらかじめ定規で線を引くか，定規を
押し当てそれに沿わせて切断する必要があるため，定規やペンが必要になる．
これの解決策として，**図 6.10** のように，平板にスライド可能なガイド板を取
り付け，そのガイド板の先端に段ボールの縁に引っ掛かるガイドを付けた構造
に改良．ガイド板には定規のような目盛も付けた．ガイドを段ボールの縁に沿
わせて移動させれば，真直ぐに側面を切断できる．

結果：改良点が進歩性を肯定する方向に働く「異質な効果」となり，特許化に
成功[†]．

◀ ◀

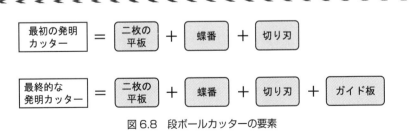

図 6.8　段ボールカッターの要素

[†]　この特許は，学生による発明で，特許庁と文部科学省などが主催するパテントコンテストに入選
するとともに，特許出願の費用や弁理士サポートの面で支援を受けて特許化されたものです．

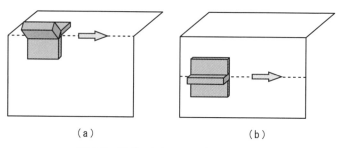

（a）   （b）

図6.9 段ボールカッター（最初の発明）

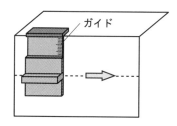

図6.10 段ボールカッター（改良発明）

　この特許の特許請求の範囲（請求項1）はつぎのとおりです．下線部が新た
な課題に対応するために加えられた発明です．

🏅 **特許第6006450号の請求項1**

縁を有する対象物を切断する切断具であって，

二枚の板と前記二枚の板を0度から180度に展開可能に連結する連結部
を有する蝶番型のガード部と，

前記連結部の一側に設けられた柄と，

前記連結部の他側に設けられた刃と，

✒ 前記二枚の板の一方の板に前記連結部と反対側に延び出るように設けら
れ，且つ目盛りが付されたアームと，

✒ 前記アームの先端に設けられ，前記対象物の縁にガイドされるガイド部
とを備える切断具．

▷▷▷▷▷▷▷▷▷▷▷▷▷▷▷▷▷▷▷▷▷▷▷▷▷▷▷▷▷▷▷▷▷▷

弦楽器のための松脂塗布装置（特許第6383904号）

最初の発明：バイオリンの弓などに塗る松脂を収容する円筒状の容器本体，松脂を容器本体から押し出すための押出しロッドからなる松脂塗布装置（**図6.11**）．

（解説） ロッドにはコイルバネが付いてバネ力に抗してロッドを押し込むことで容器から露出した松脂を弓毛に塗ることができる（**図6.12**）．松脂を弓に塗るときには松脂を布でつかんでその上を弓でこする（**図6.13**）．衝撃にとても弱い松脂はうっかり落とすと破損してしまうが，従来のプラスチック製の容器や布製のポーチでは，使用のたびに出し入れが必要であった．その手間を省略できる効果がある．

新たな課題とその効果：（課題1）細長い弓毛に対して松脂の塗布部分は直径数センチしかないので塗りづらい．これの対策として，**図6.14(a)**のように松脂を支持するロッドに弓毛が松脂から左右に外れないようにするためのガイドを両側に設ける構造に改良．ガイドは一対の半円筒のカバーであり，ロッドの下端の円盤に取り付けられている．

（課題2）何度も使うと，松脂に深い溝ができて片減りすることがある．これの対策として，**図6.14(b)**のように，ボールねじを設けてロッドがロッド押し込み部に対して回転する構造に改良．ロッドを押し込むとボールねじが回転し，ロッドの先端に取り付けられた松脂もまた回転し，円形の松脂の表面に種々の方向から均一に弓毛が当たる．

結果：最初の発明を請求項1として，追加の二つの課題を解決する改良発明を従属請求項として出願された．拒絶を受けることなく特許になったため，複数のバリエーションを含む強力な特許になった[†]．

◁◁◁◁◁◁◁◁◁◁◁◁◁◁◁◁◁◁◁◁◁◁◁◁◁◁◁◁◁◁◁◁◁◁

　この特許の特許請求の範囲はつぎのとおりです．請求項1が最初の発明，請求項5が改良発明2，請求項7が改良発明1です．下線部は改良発明で加えた発明の要素です．

[†] このような三つの課題を解決したこの発明も学生によるもので，パテントコンテストにおいて最高賞である選考委員長特別賞を受賞し，特許出願の費用や弁理士サポートの面で支援を受けて特許化されたものです．

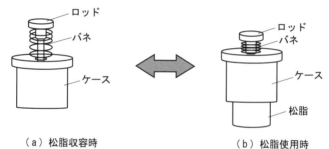

図6.11　松脂ケースの要素

（a）松脂収容時　　　　　　　（b）松脂使用時

図6.12　松脂ケースのしくみ（改良発明1）

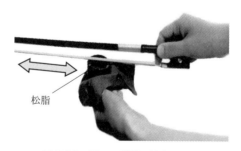

図6.13　弓への松脂の塗布の仕方

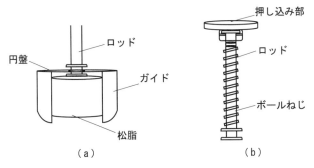

図6.14　松脂ケースのしくみ（改良発明2）

🏅 **特許第6383904号**

請求項1

一方の底部が開口し，他方の底部の中央部に貫通穴を有し，松脂を収容する筒状の容器本体と，

前記貫通穴に挿通され，一端に前記松脂を支持する押出しロッドと，

前記押出しロッドを前記松脂が前記容器本体に収容される方向に付勢する弾性体とを備える松脂ケース.

請求項5

前記押出しロッドは，🖊螺旋状にねじり加工された凹部を有するロッド本体と，前記ロッド本体の上端部に配置されるレバーと，前記ロッド本体の下端部に接合される前記松脂と，前記ロッド本体の下端の前記松脂の上方に配置されるリングと，を備える請求項1から請求項4までのいずれか1項に記載の松脂ケース.

請求項7

前記リングと前記ロッド本体の下端の間に，🖊弓毛の幅方向の移動を規制するガイドを備える請求項5に記載の松脂ケース.

　これらの二つの実例からもわかるように，**発明ができたとしても，さらにその発明の使用環境などにおける使い勝手や利便性を想像すると新たな課題が生まれる**ことがあります．繰り返しになりますが，新たな課題は，元の発明の課題とは異なる課題なので，それを解決できれば異質な効果を生み出すことができるわけです．

（2）同質で顕著な効果

　従来技術の効果と同じであっても，進歩性が認められることがあります．それは，出願時の技術水準から当業者が予測できないほどに際立って優れた顕著な効果がある場合です．

　同質で顕著な効果は，明細書に具体的に示す必要があります．たとえば，化粧品の発明が先行技術に対して著しく高い美白度である場合，発明の化粧品を実施例，先行技術の化粧品を比較例として，美白度を測定し，その数値比較を示します（**図 6.15**）．たとえば，美白度が 2.5 倍になったなどです．燃費が 30％向上，電力消費が 60％低下，解像度が 1.5 倍，反応時間が半減などのように，物理的特性や化学的特性の向上を定量的に示します．先行技術との比較について，さきほどの「異質な効果」の場合はその有無であったのに対して，「同質で顕著な効果」の場合は相対比較となります．

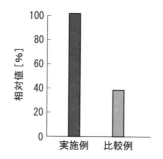

図6.15　顕著な効果は比較で示す

　顕著がどの程度をさすのか，審査基準に具体的なことは示されていません．また，量的にどの程度が著しいかは分野にもよります．ただし，**少なくとも先行技術よりも有意の差があることは示す必要があります**．

　同質で顕著な効果は，化学系分野でよく現れます．一方，ソフトウエアなど情報系や回路などの電気系分野では，発明の要素またはその組み合わせから効果が予測可能な場合が多いのであまり現れることはありません．

　現状の発明に同質で顕著な効果を生じさせるということは，発明のもつ効果が顕著になるように自らの発明や先行技術の発明を見直すということです．以下の二つの観点で発明を見直してみるのがよいでしょう．

◇ 要素の置換

出願しようとしていた発明が先行技術と同じ要素からなるものであったとき
は，発明自体を改変する必要があります（発明前に先行技術がわかっていたと
きも同じです）．まず検討したいのは，一部の要素を置き換えることで，より
優れた効果（同質で著しい効果）が生まれないかです．

例 **先行技術**：要素 A1，B，C を有するもの．

このような状況においては，要素 A1 に注目し，その置き換えを検討してみ
ます．この場合，やみくもに別の要素を要素 B，C と組み合わせるのではなく，
要素 A1 がもつ固有の特性などから要素 A1 が属する上位概念 A を明らかに
し，その上位概念 A に属する下位概念 A2，A3，A4，…について，要素 A1
の場合と比較するのがよいでしょう．

たとえば，要素 A1 がエタノールであり，他の要素 B，C とともに組成物と
して使用することが先行技術に記載されていたとします．ここで，エタノール
はアルコールのグループ（上位概念）に属すので，そのアルコールグループの
なかで，エタノールを用いた場合と同等，あるいはそれよりも高い効果を生じ
るアルコールが存在するかもしれません．そこで，種々のアルコール，たとえ
ば，メタノール，プロパノール，ブタノール，…，グリコール類などを要素 B，
C と組み合わせた実験を行い，効果を比較検証します．

著しい効果を生じるアルコールが見出せたら，そのアルコールを要素 B，C
とともに用いた組成物を実施例，要素 A1，B，C からなるもの（先行技術）
を比較例として明細書に記載し，同質で顕著な効果を主張します．他のアルコー
ルで効果があれば，それだけで特許になる可能性はあります．ただし，有利な
効果である「同質で顕著な効果」を示すことで，より強い進歩性として示すこ
とができます．

👍 特許例 **要素を置換して同質で顕著な効果を出す**

➤➤➤➤➤➤➤➤➤➤➤➤➤➤➤➤➤➤➤➤➤➤➤➤➤➤

光ファイバコネクタに用いるフェルールの製造方法（特許第 3308266 号）

発明：心線（線材）を母材から引き抜くことで，円筒状コネクタに高精度な細
径孔を簡単にあける方法（図 6.16）．

（解説） 光ファイバどうしを連結する円筒状のコネクタ（フェルール）を製造

するには，光ファイバを通過させるために，正確に位置決めして高精度な細径
孔をあける必要がある．先行技術では心線の周囲に電鋳によって電鋳体を堆積
させ，アルカリ液のようなもので心線を溶解させて除去して細径孔をつくって
いた．それに対して，この発明は，ただ心線を引き抜く（図6.17）.

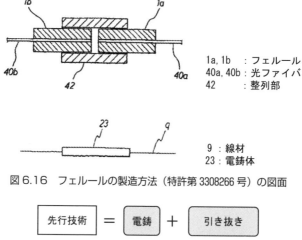

1a, 1b ：フェルール
40a, 40b：光ファイバ
42 ：整列部

9 ：線材
23：電鋳体

図6.16 フェルールの製造方法（特許第3308266号）の図面

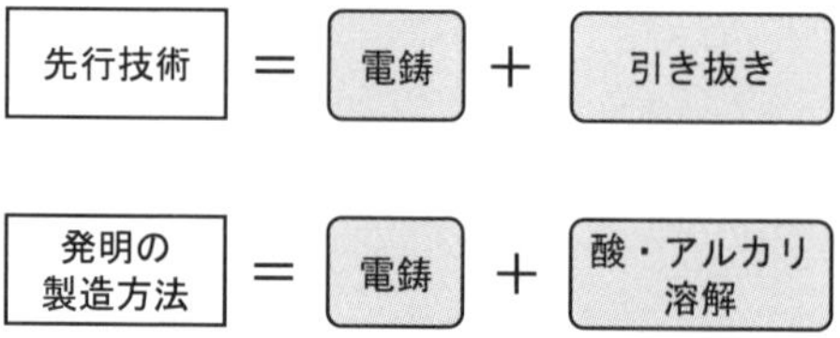

先行技術 ＝ 電鋳 ＋ 引き抜き

発明の
製造方法 ＝ 電鋳 ＋ 酸・アルカリ
溶解

図6.17 フェルールの製造方法の発明と先行技術

　この特許の特許請求の範囲（請求項1）はつぎのとおりです.

◎ 特許第3308266号の請求項1

光ファイバの接続に用いられるフェルールの製造方法であって，

少なくとも一本の線材の周囲に，電鋳により金属を堆積させて棒状の電鋳体
を形成し，

上記線材を，✎アルカリ又は酸性溶液による溶解及び加熱による変性の少な
くとも一方を行うことなく，上記電鋳体から引き抜くまたは押し出すことに
より上記線材を上記電鋳体から除去することを含むフェルールの製造方法.

この発明のポイントは，心線の除去手段として，先行技術の溶解液による**化学的な除去**を「引き抜く」という**機械的な除去**に置換したことです．これにより，心線の除去を簡単かつ一瞬にして行うことができるという同質で顕著な効果が生じています．なお，心線の引き抜きはとても簡単な操作に思われるため，従来，心線を除去するには加熱や化学的処理が必要であったことを記載した文献を特許庁に提出して審査官を説得するとともに，先行技術との明確な差別化のために，溶解による除去などを行わないこと（下線部）を特許請求の範囲に追加する補正がされています．

◇ 要素の追加

同質で顕著な効果を得るためには，要素の追加も検討するとよいでしょう．実際に，特定の効果のある組成物の発明に，別の成分を追加して効果を大幅に向上させた例や，化合物の合成法（製造方法）の発明で原料反応物に触媒を加えて反応収率を著しく向上させたり，反応時間を短縮できたりした例があります．化学系の発明だけでなく，物理的特性が向上するような装置の発明でも同質で顕著な効果は生じます．

👍 特許例　要素を追加して同質で顕著な効果を出す

▷ ▷

風レンズ（特許第 3621975 号・(株)産学連携機構九州）
発明：従来のプロペラ型の風車の後方に風レンズ体という鍔（つば）の付いたリング（デフューザ）を付けた風車（**図 6.18**）．
(解説) リングの外側を通過した風が鍔に衝突することで鍔の後方に渦を発生させ，リング後方の圧力を低下させる．風は気圧の高いほうから低いほうに流れる性質があるので，これにより，風車に向かう風がより強くなり，風車がより速く回転し，風車のみの場合の 3 倍以上の発電効率を得られる．

◁ ◁

この特許の特許請求の範囲（請求項 1）はつぎのとおりです．

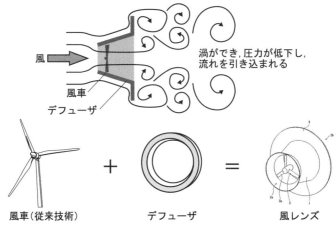

風

渦ができ, 圧力が低下し,
流れを引き込まれる

風車
デフューザ

風車(従来技術)　+　デフューザ　=　風レンズ

図 6.18　風レンズ（特許第 3621975 号）のしくみと要素

🏅 特許第 3621975 号の請求項 1

風の流れ方向に拡大する筒状の風胴体と，同風胴体の風の流入口近傍に配置
した発電用風車とを備えた風力発電装置において，

前記風胴体の風の流出口の口縁の外側に，前記風胴体の外側を流れる風が衝
突して背後で強い渦を形成させる前記風胴体の最小内径の 10 〜 100％幅
の前記風の✏流れ方向に対して垂直な平板状の鍔状片を備え，

前記風胴体の軸に対する側胴部の傾斜角を 5 〜 25°の範囲とした風力発電
装置.

6.2　要素どうしの関係から生まれる進歩性

　2.2 節で，発明は，複数の要素から構成されていることと，その要素どうし
の関係が特徴になっていることを説明しましたが，進歩性を生む，向上させる
ためにとくに注目したいのが要素どうしの関係です．特許を考える場合は一般
的に要素どうしの関係も一つの要素として捉えるので，ここではこれを関係付
け要素ということにします．**関係付け要素**は，とくに，複数の先行技術を組み
合わせて進歩性が否定されそうな場合には有効になります．

（1）関係付け要素

例 **発明**：要素 A，B を有する．
　先行技術１：要素 A を有する．発明と同じ分野の特許である．
　先行技術２：要素 B を有する．発明と同じ分野の特許である．

　このまま出願すると，先行技術 1 と 2 が同じ分野であることが，これらの技術を結び付ける動機付けとなって，発明の進歩性を否定する方向に働く因子となり，進歩性なしとして拒絶されるでしょう．

　ここで，注目したいのが，要素 A，B の関係付け要素 C です．要素 A と要素 B がそれぞれ開示されていたとしても，**要素 A と要素 B を同時に開示している先行技術はないわけですから，当然，要素 A，B の関係付け要素 C は先行技術 1，2 のどちらにも開示されていません．**つまり，要素 C が，要素 A，B の関係を表すものであれば，いずれの先行技術からも発見される可能性はきわめて低いということです．このような要素 A と要素 B の関係付け要素を，発明の課題のもとで発見できれば，それが新しい要素となり，発明の進歩性を向上させられます．

	要　　素		関係付け要素
発　明	A	B	C = A × B
先行技術 1	A	—	—
先行技術 2	—	B	—

　例の状況で，要素 A と要素 B を同時に有する先行技術 3 があったとしても，その文献に関係付け要素が示されていなければ，新たな要素として関係付け要素を示せば問題ありません（詳しくは後述）．

	要　　素		関係付け要素
発　明	A	B	C = A × B
先行技術 3	A	B	A と B の関係について記載なし

（2）技術分野別の関係付け要素

　関係付け要素は，技術分野によってさまざまなものがあります．ここでは，化学系，材料・デバイス系，機械・装置系，コンピュータ制御・ソフトウエア

系に分けてそれぞれの関係付け要素を説明します.

◇ 化学系の関係付け要素 ～ 成分割合, 混合比, 相互作用, 共通成分, 分子量比, 結合, 状態の相違など

　化学系の発明は, 素材や組成物によるもので, 複数の成分（要素）の組み合わせからできています. それらの成分間の比率, 混合比, 各成分の物理的または化学的な結合状態などが組成物全体の特性に影響を与えます. そのため, 発明の課題に適するような成分の比率や結合状態などが関係付け要素となります.

例　**発明**：カラーペンのインク. 染料, 有機溶剤, 水, 発色作用が増大する化合物 A, 化合物 B が含まれている（図 6.19）.
先行技術 1：染料, 有機溶媒, 水に加えて, 化合物 A を発色剤として含むカラーペン用インク（図 6.20(a)）.
先行技術 2：染料, 有機溶媒, 水に加えて, 化合物 B を防腐剤として含むカラーペン用インク（図 6.20(b)）.

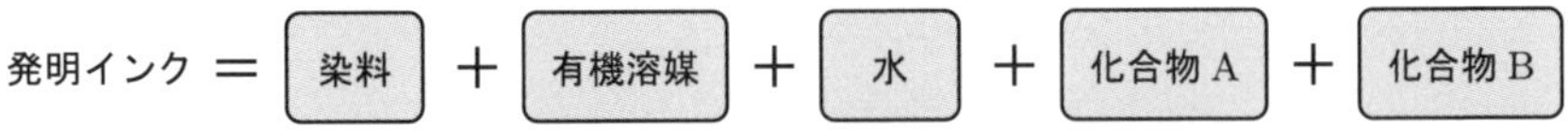

発明インク ＝ 染料 ＋ 有機溶媒 ＋ 水 ＋ 化合物 A ＋ 化合物 B

図 6.19　インク（例）の発明 1

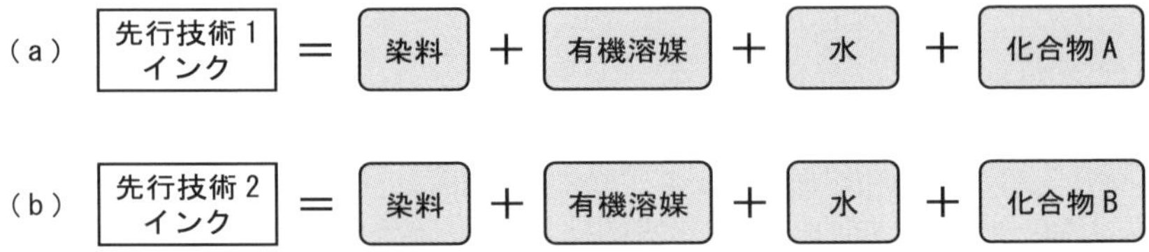

（a）先行技術 1 インク ＝ 染料 ＋ 有機溶媒 ＋ 水 ＋ 化合物 A

（b）先行技術 2 インク ＝ 染料 ＋ 有機溶媒 ＋ 水 ＋ 化合物 B

図 6.20　インク（例）の先行技術

　発明と先行技術 1, 2 は同じ技術分野にあり, 二つの先行技術を結び付ける動機付けがあるといえるので, このままでは拒絶される可能性が高いでしょう. ここで注目する点は, たとえば, 化合物 A と化合物 B の比率です.
　先行技術 1, 2 はそれぞれ, 化合物 A, 化合物 B のいずれか一方しか開示していないので, 化合物 A に対して化合物 B をどの程度加えるのか, すなわち, 化合物 A と化合物 B の比率（配合比または混合比）について開示していません. そのため, 化合物 A と化合物 B の好ましい比率 A/B の範囲を, 発色性

の向上という観点から特定し，示すことが進歩性につながります（**図 6.21**）．
たとえば，「0.6 ≦ A/B ≦ 0.8」（**図 6.22**）などのように比率を示します．比
率 A/B の範囲を特定するには，化合物 A と化合物 B の混合割合を変更しつ
つ，インクの発色性を表す物理特性を測定する実験が必要となりますが，これ
は新しいインクの開発には望ましいプロセスにもなります．

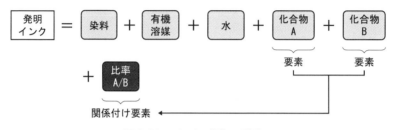

図 6.21　インク（例）の発明 2

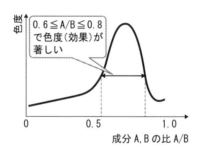

図 6.22　関係付け要素には範囲も示す

　なお，比率 A/B の好ましい範囲を特許請求の範囲に書き加えるときは，で
きるだけ広い権利範囲を取得するために，請求項 1 のような独立請求項（もっ
とも範囲が広い請求項）ではなく，従属請求項で加えるのがよいでしょう．

　化学系のなかでも組成物の発明では，すべての成分について全体における割
合（％）を示すだけでなく，**特徴的な成分の他の成分との好ましい比率の範囲**
を，特許請求の範囲と明細書に示しておくのがポイントです．

　このような成分比を特定するアプローチは，液体状の組成物のみならず，合
金や薬剤のような固体状の組成物，混合ガスのような気体状の組成物にも適用
できます．

👍 **特許例**　**化学系の関係付け要素**

➤➤➤➤➤➤➤➤➤➤➤➤➤➤➤➤➤➤➤➤➤➤➤➤➤➤➤

半導体基板研磨用組成物 1（特許第 6797665 号・花王(株)）

発明：半導体基板の表面を研磨する技術（ケミカルメカニカルポリッシング：CMP）において，研磨粒子として使用されているセリア粒子を表面にもつシリカ粒子に，塩化アンモニウムのような無機塩を組み合わせて用いる方法（図6.23）．凝集しやすいセリア粒子を含む研磨液を使用すると，基板表面に研磨傷が発生しやすくなるという課題を解決する．

先行技術 1：セリア粒子を表面にもつシリカ粒子と無機塩を含む水系研磨スラリーを開示したもの．

先行技術 2：研磨速度を向上させる添加剤として塩化アンモニウムを開示したもの．

◄◄◄◄◄◄◄◄◄◄◄◄◄◄◄◄◄◄◄◄◄◄◄◄◄◄◄

図 6.23　半導体基板研磨用組成物 1（特許第 6797665 号）の図面

　この特許の特許請求の範囲（請求項 1）はつぎのとおりです．

💡 **特許第 6797665 号の請求項 1**

セリア粒子を表面上に配置したシリカ粒子からなる複合粒子 A，無機塩 B，及び水系媒体を含有する，研磨液組成物であって，

無機塩 B が，塩化アンモニウムであり，

✏️ <u>無機塩 B の含有量が，複合粒子 A 100 質量部に対して，0.2 質量部以上 80 質量部以下であり</u>，

研磨液組成物中の無機塩 B の含有量が，0.001 質量%以上 0.4 質量%以下である研磨液組成物．

　先行技術それぞれでは言及できない，シリカ複合粒子に対する塩化アンモニウムの含有量の比率を特定して示しているところがポイントです．

▶▶▶▶▶▶▶▶▶▶▶▶▶▶▶▶▶▶▶▶▶▶▶▶▶

半導体基板研磨用組成物2（特許第6730254号・日揮触媒化成(株)）
発明：非晶質のシリカ粒子上にあるセリア粒子を，さらにシリカ被膜で覆う構造．シリカ被膜によりセリア粒子とシリカ粒子の結合が向上し，セリア粒子がシリカ粒子から脱落しにくくなることで，シリカ絶縁膜などを高速で研磨でき基板の高面精度が得られる効果がある．
先行技術：結晶性セリア粒子を表面にもつ非晶質シリカの複合粒子をさらにシリカで覆っている複合粒子を開示したもの．

◀◀◀◀◀◀◀◀◀◀◀◀◀◀◀◀◀◀◀◀◀◀◀◀◀

　この特許の特許請求の範囲（請求項1）はつぎのとおりです．

🏅 **特許第6730254号の請求項1**

非晶質シリカを主成分とする母粒子の表面上に結晶性セリアを主成分とする子粒子を有し，さらにその子粒子の表面にシリカ被膜を有している，下記[1]から[4]の特徴を備える平均粒子径50〜350 nmのシリカ系複合微粒子を含む，シリカ系複合微粒子分散液

[1]　前記シリカ系複合微粒子は，シリカとセリアとの質量比が100：11〜316であること．

[2]　前記シリカ系複合微粒子は，X線回折に供すると，セリアの結晶相のみが検出されること．

[3]　前記シリカ系複合微粒子は，X線回折に供して測定される，前記結晶性セリアの(111)面の結晶子径が10〜25 nmであること．

[4]　✏前記シリカ系複合微粒子は，その一部をシリカ被膜が覆っていること．

---

　[4]がポイントです．先行技術ではシリカ被膜がセリア粒子を完全に覆っている様子が示されていたのに対して，覆われているのは一部としてシリカ被膜とセリア粒子の新しい関係を示したことで進歩性が生じています．この発明は2度の補正により特許になっていますが，明細書に，「シリカ被膜によりセリア粒子の全面が覆われているのではなく一部だけが覆われていることにより研磨時においてセリア粒子表面が適度に露出してセリア粒子の脱落が少なく，研

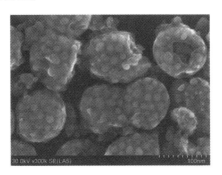

図6.24　半導体基板研磨用組成物2（特許第6730254号）の図面

磨速度がより向上する」と示していたこと，図として明細書の構造を示す
SEM像（図6.24）を用意していたことが，補正を可能にしました．

◇ 材料・デバイス系の関係付け要素 ～ 融点，ガラス転移点，導電性，熱伝導度，屈折率などの物理的特性の関係，配置，接続など

　材料やデバイスの発明では，複数種の材料，形状，構造をもつので，関係性
も増えます．このため，化学系の組成物のような場合よりも多くの関係付け要
素があります．

例 発明：基材上に，中間層1，中間層2，保護層が積層された構造（図6.25）．中
間層1と中間層2は，互いに異なる機能（たとえば，耐腐食性，高強度，屈折性，
反射性，回折能，接着性など）をもっている．
先行技術1：基材上に，中間層1，保護層が積層された構造（図6.26(a)）．発
明と同じ分野のもの．
先行技術2：基材上に，中間層2，保護層が積層された構造（図6.26(b)）．発
明と同じ分野のもの．

保護層
中間層2
中間層1
基材

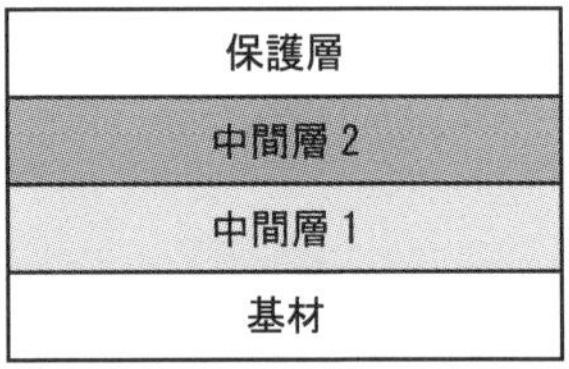

図6.25　発明（例）の積層構造

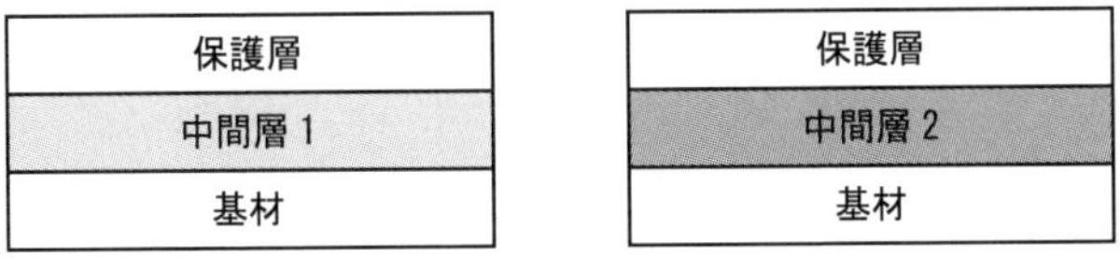

保護層
中間層 1
基材

保護層
中間層 2
基材

（a）先行技術 1 の積層体 　　　　　（b）先行技術 2 の積層体

図 6.26　先行技術（例）の積層構造

　発明と先行技術 1，2 は同じ技術分野であり，二つの先行技術を結び付ける動機付けはあるので，このままでは拒絶される可能性が高いでしょう．ここで注目するのは，この発明の積層体が中間層 1 と中間層 2 の二つの層を重ね合わせていることです．この発明の課題のもと，中間層 1 と中間層 2 の最適な関係を求めます．ここでいう関係とは，物理的な関係，化学的な関係，あるいは構造的な関係です．

	要　素		
発　明	基材	中間層 1	中間層 2
先行技術 1	基材	中間層 1	—
先行技術 2	基材	—	中間層 2

　たとえば，中間層 1 と中間層 2 を貼り合わせるときに，剥がれにくくする必要があります．二つの層を剥がれにくくするには，界面エネルギーや結合エネルギーに注目して二つの層に共通の成分を含ませたり，相溶性に優れた材料を用いたり，厚みの比を適正化したり，あるいは熱膨張係数の近い材料を用いたりすることが考えられます．それらは単一の中間層しか開示していない先行技術には書かれていない事項なので，関係付け要素となります．

　発明の積層体が光学部材である場合には，中間層 1 と中間層 2 を光が透過するときの偏光特性，屈折性，透過性，干渉条件などが問題になります．そのため，中間層 1 と中間層 2 の偏光特性，屈折率，透過率のような光学特性や，厚み，材料または内部構造の関係を，発明の課題のもとで適正化しておく必要があるので，そのような関係を関係付け要素とします．

	要　素			関係付け要素
発　　明	基材	中間層 1	中間層 2	中間層 1 と 2 の光学特性の関係
先行技術 1	基材	中間層 1	—	—
先行技術 2	基材	—	中間層 2	—

👍 特許例　材料・デバイス系の関係付け要素

光学位相差部材（特許第 6849657 号・ENEOS(株)）

発明：可視領域全域の波長 λ の光に対して $\lambda/4$ の位相差を生じさせる位相差特性があり，また機械的強度に優れた光学位相差部材．図 6.27 のように，被覆層に覆われた凹凸パターンのある透明基体と，凹部を密閉するように密閉層のある構造をもち，凸部と被覆層の屈折率に特定の関係をもたすようにしたことで前記位相差特性を達成している．

先行技術 1：凹凸構造を被覆した被覆層をもち，凹凸部と被覆層の屈折率の関係が発明と同じ範囲の光学位相差部材．

先行技術 2：凹凸の空間を塞ぐように凹凸上にキャップ層（密閉層）を設けて，機械的強度を高めている光学素子．

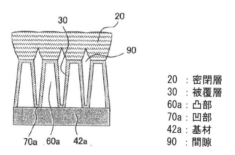

20 ：密閉層
30 ：被覆層
60a：凸部
70a：凹部
42a：基材
90 ：間隙

図 6.27　光学位相差部材（特許第 6849657 号）の図面

　この特許の特許請求の範囲（請求項 1）はつぎのとおりです．

> 🏅 **特許第 6849657 号の請求項 1**
>
> 凹凸パターンを有する透明基体と,
>
> 前記凹凸パターンの凹部及び凸部を被覆する被覆層と,
>
> 前記被覆層で被覆された前記凹凸パターンの前記凸部間に区画された間隙部と,
>
> 前記凹凸パターンの前記凸部の頂部を連結し且つ前記間隙部を密閉するように前記凹凸パターンの上部に設けられた密閉層とを備え,
>
> ✏️ 前記密閉層と前記被覆層が同じ材料で形成されており,
>
> 波長 550 nm において, 前記凸部の屈折率 n_1 及び前記被覆層の屈折率 n_2 が, $n_2 - n_1 \leq 0.8$ を満たす光学位相差部材.

　ポイントは, 下線部のように, 関係付け要素として, 二つの要素である密閉層と被覆層の材料の同一性を示したことです. 実は, この関係付け要素は, 拒絶解消のための補正のときに請求項に追加した内容です (最初は, 明細書のみに記載). 特許出願時の請求項 1 には関係付け要素として, 凸部の屈折率 n_1 と被覆層の屈折率 n_2 の関係の条件 $n_2 - n_1 \leq 0.8$ が示されていました. しかし, 審査でそれを満足している先行技術 1 が発見され, 先行技術 2 と組み合わされて拒絶されたため, この補正を行ったわけです. このように, 特許成立の可能性を高めるためにも, 関係付け要素は一つに絞らず, わかっている範囲で重要なことはできるかぎり書いておくことが大切です. 最初の段階では請求項に書かないとしても, 補正に備えて明細書には書いておくとよいでしょう.

▶▶▶▶▶▶▶▶▶▶▶▶▶▶▶▶▶▶▶▶▶▶▶▶▶▶▶▶▶

摺動部材 (特許第 6063698 号・ミネベア(株))

発明: ハードディスクなどのモーターの軸受 (摺動部材) に使われる, 図 6.28 のように, 金属下地層, 低硬度 DLC (ダイヤモンドライクカーボン) 層, 高硬度 DLC 層の三層を基材の上に積層して形成した保護膜. この保護膜により, 優れた耐摩擦特性, 基材との良好な密着性が得られる.

先行技術 1: モーター軸受に用いられ, 基材上にケイ素膜と二層の DLC 膜をもつ軸受部材.

先行技術 2: 基材上に金属下地層とその上に低硬度 DLC 膜と高硬度 DLC 膜をもつ部材.

◀◀◀◀◀◀◀◀◀◀◀◀◀◀◀◀◀◀◀◀◀◀◀◀◀◀◀◀◀

高硬度 DLC 層
低硬度 DLC 層
金属下地層
基材

図 6.28 摺動部材（特許第 6063698 号）の図面

先行技術 1 と 2 は，いずれも二層の DLC 層を開示しており，作用，機能が共通している点で，それらを結び付けて発明に至る動機付けがありそうです（4.3 節 (2) 参照）．しかし，この発明の明細書や図面には後述のポイントが記載されていたために，それが進歩性を向上させました．

この特許の特許請求の範囲（請求項 1）はつぎのとおりです．

🏅 特許第 6063698 号の請求項 1

摺動部材であって，

基材と，

前記基材上に設けられた保護膜とを有し，

前記保護膜が，

前記基材上に設けられた単層の金属下地層と，

前記金属下地層上に設けられた単層の低硬度ダイヤモンドライクカーボン層と，

前記低硬度ダイヤモンドライクカーボン層上に直接設けられた単層の高硬度ダイヤモンドライクカーボン層とだけから構成されており，

前記✎高硬度ダイヤモンドライクカーボン層が層内で均一な構造を有し，

さらに前記✎低硬度ダイヤモンドライクカーボン層が膜厚方向に伸長する柱状の構造を有し，

低硬度ダイヤモンドライクカーボン層の硬度が，17 GPa 以下である摺動部材．

ポイントは，関係付け要素として，高硬度 DLC 層が均一な内部構造，低硬度（17 GPa 以下）DLC 層が柱状の内部構造を示していることです．この特許も，単独の技術文献では示すことができない，二つの層の硬度の関係ととも

に，二つの層の内部構造の相違（二つの要素の関係付け）についても補正により示したことが，特許取得の要因となっています．

◇ 機械・装置系の関係付け要素 ～ 動作，配置，連結，駆動，制御，寸法比，材料関係など

機械・装置系は，材料・デバイス系以上に多くのパーツや機能が組み合わされてできています．このため，さらに多くの関係付け要素があります．

例 発明：既知の装置に，特定の機能をもつ機構 A，B を同時に備えた発明（図 6.29）．

この場合，機構 A，B を装置にどのように導入するかを機構 A，B を関係付けて検討します．

装置に対する機構 A，B の取り付け位置だけでなく，機構 A に対する機構 B の位置や配置も要素になります（図 6.30）．また，装置における機構 A，B の動作や駆動の関係や共通点も要素になります．機構 A と機構 B は独立に動作するか，あるいは連動して動作するか，連動して動作するならどのように連結されているかなどです．位置，配置，接続関係，動作関係などを特有の要

図 6.29　装置内の配置も要素になる

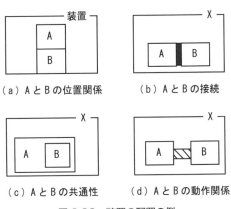

（a）A と B の位置関係　　　（b）A と B の接続

（c）A と B の共通性　　　（d）A と B の動作関係

図 6.30　装置の配置の例

素（関係付け要素）として，異質な効果を見出すわけです.

👍特許例 機械・装置系の関係付け要素

タイルカーペット解体装置（特許第6957565号・(株)明光商会など）

発明：冷気吹き付け機で回転カッターの刃に冷気を吹き付けながら，コンベアを使って回転カッターまで搬送したタイルカーペットのパイル層の植毛をそぎ落とす装置（**図6.31**）．パイル層の高さを検知して回転カッターの上下位置を調整する機構が設けられているので，さまざまな高さのタイルカーペットに対応できる．また，カッターを冷やすことで，そぎ落とす際に植毛との接触摩擦により高温となるカッターの刃が切断された植毛と溶着しやすくなる課題を解決する．発明の要素は，回転カッター，パイル層の高さを検知して回転カッターの上下位置を調整する機構，冷気噴付ノズル.

（解説） タイルカーペットは，**図6.32**のように，PVCなどからなる多層のバッキング層と，ナイロンなどのループ状の繊維が埋め込まれたパイル層からできている．使用済のタイルカーペットを再利用するには，まずパイル層をバッキング層から切り離して除去する必要がある.

先行技術1：カーペットをカットする研磨ドラムと，研磨ドラムの高さを調整する装置を有するカーペットをリサイクルするための装置.

先行技術2：タイルカーペットのような産業廃棄物を切削するための切れ刃の発熱を防止するために，切れ刃に冷却空気を吹き付けるノズル.

この特許の特許請求の範囲（請求項1）はつぎのとおりです.

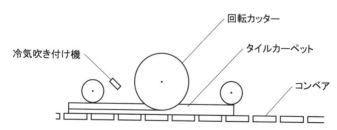

図6.31 タイルカーペット解体装置（特許第6957565号）の図5を簡略化した図

パイル

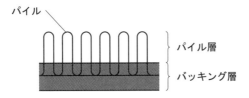

パイル層

バッキング層

図 6.32　カーペットの構造

🏅 **特許第 6957565 号の請求項 1**

タイルカーペットを解体するタイルカーペット解体装置であって,

前記タイルカーペットの高さを含む側面情報を取得するセンサ部と,

前記タイルカーペットの表面を除去する除去部とを備え,

前記除去部が,

前記タイルカーペットの表面を切削する回転カッターと,

切削により生じる切削屑を閉じ込めるチャンバを画成する筐体であって,

前記回転カッターを前記チャンバ内に位置させて支持する筐体と,

🖊前記筐体に支持されて前記回転カッターに冷気を噴き付ける冷却ノズルと,

前記側面情報に基づいて🖊前記筐体を移動することにより前記回転カッターの上下位置を調整する位置調整機構とを備えるタイルカーペット解体装置.

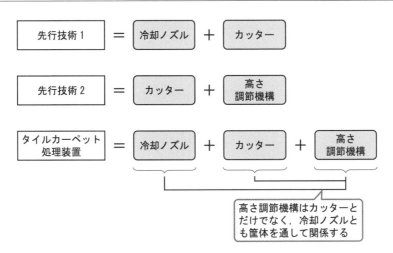

図 6.33　タイルカーペット解体装置の発明と先行技術

　ポイントは，回転カッターと冷却ノズルが同じ筐体に取り付けられているために，回転カッターの上下位置を調整する際に，冷却ノズルの位置も合わせて調整されることです（図6.33）．この関係は，それぞれ単独の先行技術1と2では開示できない内容であり，この発明の明細書と図面に記載されていたために，補正で請求項1に導入したことで特許になりました．

▸ ▸

カレンダー保持具（特許第6994270号）

発明：上端が綴じられたカレンダーやポスターを壁にかけるためのカレンダー保持具．月が変わると，新しい月の用紙を表示するために，前月の用紙は上端から切り離すことになるが，アイドルのカレンダーなどの愛好家には用紙を切り離したくないという要望がある．図6.34に示すように，壁側（後方）に向かって下方へ傾斜したスリットが設けられていて，めくるページをこのスリットに通すことで，切り離さないで済む効果がある．また，横方向にスライド移動できるカバーが付いていて（図6.35の矢印参照）横幅が調節可能なので，カレンダーなどかけるものの大きさに合わせることができる．

先行技術1：ページを切り離さずに後方にめくれて，スリットのような傾斜があるカレンダー保持具を開示したもの．

先行技術2：保持具自体がカレンダーのサイズに合わせて横幅方向にスライドするもの．

◂ ◂

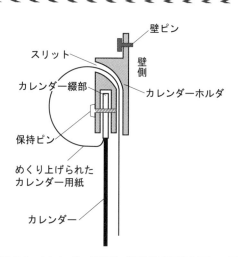

図6.34　カレンダー保持具（特許第6994270号）の図面

図 6.35　カレンダー保持具（発明品）の写真 1

この特許の特許請求の範囲（請求項 1）はつぎのとおりです.

🏅 特許第 6994270 号の請求項 1

壁掛け用カレンダーのカレンダー保持具であって,

カレンダーを保持する長手板状のプレートと,

前記プレートの長手方向に形成されたスリットと,

前記プレートの前記スリット下方に設けられたカレンダー取り付け部と,

前記プレートのスリット上方に形成されたピン孔とを備え,

カレンダー用紙をめくるときに, カレンダー用紙を, 前記スリットを通して前記プレートの後方に移動させることで, カレンダー用紙を切り離すことなく保持することができ,

さらに, 前記プレートの右側と左側を覆いながら外側にスライド移動可能な一対のカバーを有し, ✒️<u>前記カバーには, 前記カレンダーの幅方向に延在する上側の傾斜面と下側の傾斜面により画成されるカバースリットが形成されており, 前記上側の傾斜面と下側の傾斜面はいずれも後方下側に向かって傾斜しており,</u>

前記プレートは, 前記一対のカバーにより前記カレンダーの幅方向に伸縮可能であるカレンダー保持具.

ポイントは, スライド移動可能なカバー部材にも傾斜するスリットを設けてもよいことを明細書と図面で示していたところです（**図 6.36**）. この特徴は, 単独の先行技術では決して示すことができません. そのため, この特徴を請求項 1 に補正により加えたことで特許になりました. 実際の製品にもこの特徴が活かされています.

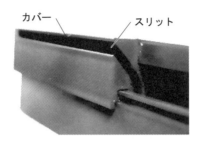

図 6.36　カレンダー保持具（発明品）の写真 2

◇ **コンピュータ制御・ソフトウエア系の関係付け要素 ～ 処理の時系列，条件付け，データ間の紐づけ，通信手段，回路や素子の制御方法など**

コンピュータ制御・ソフトウエア系の発明には，「コンピュータに手順 A，B，C，...を実行させるためのプログラム」，「データ要素 A，B，C，...を含むデータ構造」，「データ要素 A，B，C，...を含む構造をもつデータを記録したコンピュータ読み取り可能な記録媒体」，そのようなプログラムや記録媒体を用いて制御対象の機器を制御するものもあります．つまり，**発明の要素は，手順（処理や操作）やデータ**です．したがって，それらの手順やデータどうしを関係付けるものを検討することによって特有の要素を見出せます．

たとえば，処理 A を行った後，処理 B を行うかどうかを判断する判断プロセスは，処理 A と処理 B の関係付け要素になります（**図 6.37**）．あるいは，処理 A の結果を判断するために，処理 A に表れる特有の操作や処理 A の結果から判断材料を見出し，それを判断ステップに加えれば，それが処理 A と後続の判断ステップとの関係付け要素になります．

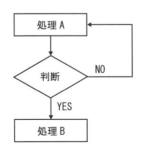

図 6.37　処理の判断も関係付け要素になる

👍 特許例　**コンピュータ制御・ソフトウエア系の関係付け要素**

▷▷▷▷▷▷▷▷▷▷▷▷▷▷▷▷▷▷▷▷▷▷▷▷▷▷▷▷▷▷▷▷▷▷

太陽電池モジュールのモニタリング方法（特許第6414721号・(株)スマートエナジーサービスなど）

発明：太陽光発電設備の太陽電池モジュールに生じた欠陥を検知するためのモニタリングシステム（**図6.38**）．セルの位置情報とともに各モジュールのセルの画像を飛行体を使って撮影し，得られた画像を解析し，モジュールに発電効率の低下などの欠陥を引き起こす異常がないかどうかを判定する．判定の際に異常の部位の配線パターンも考慮することで，メンテナンスを効率よく行える効果がある．

先行技術：飛行体を用いてモジュールの撮像を行い，セルの欠陥を画像検出してモジュールの異常を判断するもの．

◁◁◁◁◁◁◁◁◁◁◁◁◁◁◁◁◁◁◁◁◁◁◁◁◁◁◁◁◁◁◁◁◁◁

（a）飛行体

（b）太陽電池モジュール

図6.38　太陽電池モジュールのモニタリング

　この特許の特許請求の範囲（請求項1）はつぎのとおりです．

🏅 **特許第 6414721 号の請求項 1**

複数の太陽電池セルが配置された太陽電池モジュールをモニタする太陽電池モジュールのモニタリング方法であって，

前記太陽電池モジュールの受光面の画像を，無人飛行体に搭載された撮像装置を用いて取得することと，

前記画像に基づいて前記太陽電池モジュールにおける前記複数の太陽電池セルの配置を求めることと，

前記複数の太陽電池セルの配置と前記画像とに基づいて，前記太陽電池モジュールの異常を引き起こすであろう欠陥を太陽電池セル単位で特定することと，

✏️ 前記太陽電池セル単位で特定された欠陥と前記複数の太陽電池セルの配線パターンとに基づいて，前記欠陥に対処する必要性の程度を判定することを含む太陽電池モジュールのモニタリング方法.

　ポイントは，欠陥のあるセルを特定（要素）した後，欠陥への対処（要素）前に，特定したセルが含まれる配線パターンも考慮するという条件付け（要素）が加えられていることです. セルに欠陥があったとしても，配線パターンによっては対処の必要がない場合もあるとの見地に基づくものです. この特徴はもともと従属請求項に記載されていましたが，補正により請求項 1 に加えることで特許になりました.

　データどうしの関係付けとして，データどうしをあらかじめ紐付けすることはよく行われます. データ A が対象物のある情報（A1，A2，A3，A4，…），データ B がその情報に対応した対象物の別の情報（B1，B2，B3，B4，…）であり，それらが紐付けられている場合，データ A とデータ B の対応関係が

状　態	データ A	データ B
1	A1	B1
2	A2	B2
3	A3	B3
4	A4	B4
5	A5	B5
⋮	⋮	⋮

関係付け要素となります. つまり, どのような二つの情報を関係付けるかが発明のポイントになります (6.3 節(2)「回転寿司の鮮度管理用システム」, 6.3 節(3)「クラウドコンピューティングによる会計処理方法」参照).

6.3 用途・ニーズから生まれる進歩性

　戦略的な視点から, 開発と特許化が同時に進められることも多くなっています. 特許化を先行する場合もあります. 用途や, 消費者や社会のニーズを考えながら特許出願を出しつつ開発も進めるということです. この場合, 開発で生み出した既存のまたは新しい技術（シーズ）があれば, そのシーズをどのようなニーズや用途に活かすかを開発部としても考えていくわけです. このとき, 特有の要素をニーズや用途において見出すことが進歩性の向上につながります.

　ここでは, 基本的な技術を用途に特化させた改良技術や, 既存の技術では適合できない特殊なニーズのために開発された技術の特許例を紹介します. どのような点に進歩性をもたらす特有の要素を見出したかに注目してみてください.

(1) 用途に特化させて生まれる進歩性

　これまでに知られている基本的な技術であっても, 特殊な用途や環境での使用に特化させることで, 新しい要素技術が加えられます.

　基本的な技術の例として掃除機を考えてみます. 図 6.39 は, 掃除機の吸引部分に使用される種々のアッタチメントです. ブラシや蛇腹ホースが取り付け

図 6.39　掃除機のアタッチメント

られているもの，吸い込み口の形状やサイズが異なるものがあり，家具と壁や床との隙間，布団，自動車内など，掃除する箇所（用途）に応じた構造となっています．特有の課題があり，それを解決するために用途に応じた形態になっているわけなので，これらの特有の要素は進歩性につながります．

　このような家庭用掃除機のアッタチメント以外にも特殊な用途に適した掃除機は多く，それらはその特徴から特許になっています．

👍 **特許例**　**用途は進歩性になる**

▶▶▶▶▶▶▶▶▶▶▶▶▶▶▶▶▶▶▶▶▶▶▶▶▶▶▶▶▶▶

高所用の掃除機（特許第 5865700 号・(株)東芝）

課題：通常の掃除機では高所の塵埃などを吸いづらい．

解決手段：図 6.40 のように，ブラシ付き吸込体の付け根に関節があり，吸込体の角度を変えられる．また，吸込体に関節（回転軸 c）もあり，吸込体がその回転軸周りに 180 度回転することで，吸込体をさらに遠くに伸ばすことができる．

◀◀◀◀◀◀◀◀◀◀◀◀◀◀◀◀◀◀◀◀◀◀◀◀◀◀◀◀◀◀

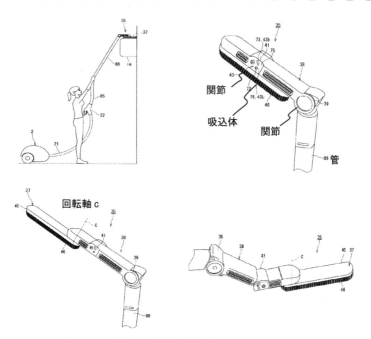

図 6.40　高所用の掃除機（特許第 5865700 号）の図面

この特許の特許請求の範囲（請求項1）はつぎのとおりです.

🏅 **特許第5865700号の請求項1**

吸込口を有する長手形状の吸込体と,

前記吸込体の長手方向における中央からいずれかの端部側へ偏倚し, かつ前記吸込口の開口方向を保つ回転中心線まわりに前記吸込体を回転可能に支持するとともに前記回転中心線と略同軸に位置する開口を通じて前記吸込体に流体的に接続される管部と,

前記管部の途中にある揺動可能な少なくとも1つの関節と, を備え,

前記管部は, 前記吸込体よりも長く, 前記吸込体が前記管部に隣合わさる収納状態にあって単独で延びる余剰部分があり,

前記少なくとも1つの✏関節のうち1つは, 前記余剰部分に位置して前記吸込体が前記管部のなす劣角側に位置する方向へ折れ曲がることを特徴とする吸込口体.

この特許発明では, 管を屈曲させる関節と, 先端側の関節より前方で吸込体の端が回転することで吸込体がさらに前方に伸びるという機構が特有の要素になっています.

▶▶▶▶▶▶▶▶▶▶▶▶▶▶▶▶▶▶▶▶▶▶▶▶▶▶▶▶▶▶

エスカレータ踏段用の掃除機（特許第5744139号・東芝エレベータ(株)）

課題：通常の掃除機ではエスカレータの踏段やクリーンルームの床の溝の塵埃などを吸えない.

解決手段：図6.41のように, 吸引ヘッドの吸引口に複数本のゴム製の刷毛が延び出すように取り付けられている. 踏段の各溝内に各刷毛が入るように吸引ヘッドを付けてエスカレータを動かすと, 刷毛が溝の底面に接し, 踏段が動くたびに刷毛が溝に入って溝内の塵埃が吸引できる. 溝のピッチに合わせて刷毛の間隔を調整できるように, 刷毛の配列位置が可変にもなっている. また, 刷毛の種類や寸法も掃除機ヘッドの吸引口側の領域ごとに異なる仕様となっており, たとえば, 塵埃が溜まりやすい両側の溝では刷毛を長くして塵埃を効率的に除去できる.

◀◀◀◀◀◀◀◀◀◀◀◀◀◀◀◀◀◀◀◀◀◀◀◀◀◀◀◀◀◀

この特許の特許請求の範囲（請求項1）はつぎのとおりです.

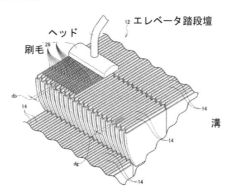

図 6.41　エスカレータ踏段用の掃除機（特許第 4671445 号）の図面

🎖 **特許第 5744139 号の請求項 1**

掃除機を構成する掃除機ヘッドであって，
掃除機の吸引ホースに着脱自在な掃除機ヘッド本体と，
柔軟性のゴム体で構成され，前記掃除機ヘッド本体の吸引口側から延び出すように配列されている複数本の刷毛と，を備え，
前記柔軟性のゴム体で構成された刷毛の種類および寸法の少なくとも一方が，✏ 前記掃除機ヘッド本体の吸引口側の領域毎で異なっており，かつ前記刷毛の配列位置が清掃対象となる溝の配列位置毎に可変とされていることを特徴とする掃除機ヘッド.

　この特許発明では，刷毛の配列位置が可変であることと，刷毛の種類や寸法が掃除機ヘッドの吸引口領域ごとに異なっていることが，特有の要素になっています.

▶▶▶▶▶▶▶▶▶▶▶▶▶▶▶▶▶▶▶▶▶▶▶▶▶▶

グルーミングしながら毛を吸い取る掃除機（特許第 5318036 号・ダイソンテクノロジーリミテッド）

課題：グルーミングブラシが取り付けられた掃除機の吸込口の掃除機は，抜け毛がブラシに絡まると，手で毛を引っ張り取らなくてはならない.

解決手段：図 6.42 のように，剛毛が取り付けられたキャリアと，それのカバーがあり，それらの中央にある開口が掃除機のホースにつながっている．カバーには孔があいており，手元のレバーを押し込むとキャリアが動き，剛毛が

孔から飛び出す．この状態でグルーミングし，抜け毛が剛毛に絡まったら，レバーから手を離すと剛毛が引っ込み，抜け毛だけがカバー上に残り，カバー中央の開口部から吸引する．

≪ ≪

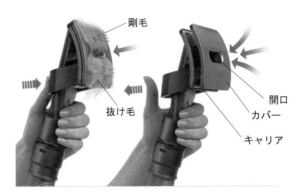

図 6.42　グルーミングしながら毛を吸い取る掃除機（特許第 5318036 号）のしくみ
［ダイソン㈱Web サイト https://www.dyson.co.jp/dyson-vacuums/accessories/pets.aspx］

　この特許の特許請求の範囲（請求項 1）はつぎのとおりです．

🏅 **特許第 5318036 号の請求項 1**

真空掃除機用アタッチメントであって，

複数の剛毛を含む剛毛キャリアと複数の開口を含む剛毛カバーとを含むヘッド，空気流を前記剛毛カバーから真空掃除機の方向に搬送するために該真空掃除機に接続可能な導管，前記ヘッドに接続したハンドル，及び

✎ 前記剛毛が前記剛毛カバーに対して後退した収容構成から該剛毛が前記開口を通って該剛毛カバーから突出する展開構成まで，前記剛毛キャリアと該剛毛カバーの間の相対移動を達成するために前記ハンドルの方向に押し下げ可能であるアクチュエータを含み，

前記剛毛キャリアは，ユーザーによって前記アクチュエータが解除されたとき，前記収容構成に戻る，ことを特徴とするアタッチメント．

　この特許発明では，グルーミング時の抜け毛を吸い取るという用途のもとで，剛毛が付いたキャリアとカバーの間で剛毛がカバーに対して後退した位置から剛毛がカバーの孔を通ってカバーから突出する位置まで相対移動が可能なアク

チュエータが特有の要素となっています.

　なお，ダイソンテクノロジーリミテッドは，この製品でほかにも関連特許を3件取得しています（特許第5138732号，5001408号，5456589号）.

（2）　特殊なニーズから生まれる進歩性

　前項で説明した特許例は用途に特化させてはいるものの，掃除機という枠のなかでの発明なので，「ゴミを吸う」という目的は同じでした. このような製品の枠がなくても目的が同じものはいろいろとあります. たとえば，サッカーとバドミントンは種目が違いますが，どちらも点を取るために蹴る・打つ技術が必要であり，思ったところに蹴る・打つという点では目的は同じです. ただし，種目が違うことで練習道具も変わってきます. このように，製品という枠がなくても目的が同じものも，状況が変わればそれに応じて特化させる必要がありますから，そこには進歩性が生まれます.

🖒 特許例　**特殊なニーズに応えれば進歩性になる**

▷ ▷

バドミントン用練習ターゲット（特許第6194133号）

発明：台の上に有機 EL や LED のような発光体の付いた枠があり，シャトルが枠内に入ると発光体が光るバドミントン用練習ターゲット（**図6.43**）. 枠は台に回転軸（回転機構）を介して取り付けられており，ロングサーブやショートサーブなど練習用途に合わせて角度を変えられる効果がある.

◁ ◁

　この特許[†]の特許請求の範囲（請求項1）はつぎのとおりです.

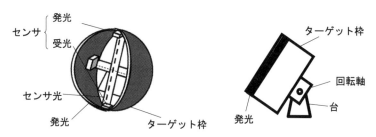

図 6.43　バドミントン用練習ターゲット（特許第6194133号）の図面

[†]　この特許は，学生による発明で，特許庁と文部科学省などが主催するパテントコンテストに入選するとともに，特許出願の費用や弁理士サポートの面で支援を受けて特許化されたものです.

> ◎ **特許第6194133号の請求項1**
> ✏️バドミントンのシャトルが打ち込まれる前面を有するターゲット枠と，ターゲット枠を床面上で支持する台と，✏️ターゲット枠の前面の床面に対する角度を自在に変えられる回転機構と，シャトルが前面に入射したことを検知するセンサーと，ターゲット枠に取り付けられた発光体と，センサーがシャトルを検知したときに発光体を作動させる機構を有するバドミントンターゲット装置．

　サッカーやテニス用としては，**図6.44**のようなボールが当たるとボードが外れるターゲットボードがあります．このような既存のターゲットボードは，ほぼ水平に打ち込まれるボールを想定しています．バドミントンの場合，ショートサーブやロングサーブ，ハイクリア，スマッシュ，ドロップショットなど，さまざまな打ち方があり，打ち方によってシャトルの飛跡や床への接地角度が変わります．この特許発明は，この独特な飛跡のシャトルを扱うバドミントンの練習用として，枠の角度を変えられるように台に回転機構を設けたことが特有の要素になっています．

図6.44　サッカーやテニス用のターゲット（先行技術）
［(株)サクライ貿易 Web サイト https://japansakurai.jp/familysports.html］

▶▶▶▶▶▶▶▶▶▶▶▶▶▶▶▶▶▶▶▶▶▶▶▶▶▶▶▶▶▶

パンの自動レジ用の識別装置（特許第5510924号・(株)ブレイン）
発明：CCDカメラなどで撮影したパンの画像から，輪郭，テクスチャー，内側と中間と外側のカラースペース（RGBで表された色空間）の特徴量を組み合わせて用いることでパンの種類を識別する装置（**図6.45**）．形態だけでなく，分割した3領域のカラースペースの特徴も用いることで，類似のパンの識別も

可能にした（**図6.46**）．

従来技術と状況：商品にRFタグを取り付けることで，指定の場所に置くだけで機械が自動で製品情報を読み取るもの，画像認識により食品の種類を検出する既存の技術はある．

　パンはタグが付けられず，また画像認識を使うとしても，

① 　パンの色が基本的に焦げ茶色で，形状は円形に近いものが多い

② 　クロワッサンのように，個体間で形状が大きく異なるものがある

③ 　ピロシキとカレーパンのように，種類が異なっても，形態的特徴が共通なものがある

④ 　こしアンパンと粒アンパンのようにきわめて類似したパンがある

などの理由から単純な画像認識で種類を同定することは難しい．

　この特許の特許請求の範囲（請求項1）はつぎのとおりです．

図6.45　パンの自動レジ用の識別装置（発明品）

［(株)ブレインWebサイト https://bakeryscan.com/specs/］

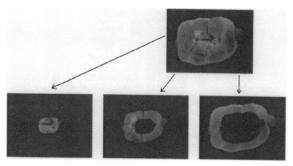

図6.46　パンの自動レジ用の識別装置（特許第5510924号）の図面（中央にトッピングのあるパンを，内側，中間，外側の3領域に分割した写真）

🏅 特許第 5510924 号の請求項 1

カメラからのパンのカラー画像を画像認識することにより，パンの種類を識別する装置であって，

パンのカラー画像から，パンの内側領域のカラー画像と，中間領域のカラー画像と，外側領域のカラー画像の 3 種類のカラー画像を切り出す切り出し部と，

パンのカラー画像から，パンの輪郭に関する特徴量を求めるための輪郭データ抽出部と，

パンのカラー画像から，パンのテクスチャーに関する特徴量を，パンのカラーデータ中の輝度成分を用いて，求めるためのテクスチャーデータ抽出部と，

✏パンの内側領域のカラー画像のカラースペース内での特徴量を求めるための内側カラーデータ抽出部と，

✏パンの外側領域のカラー画像のカラースペース内での特徴量を求めるための外側カラーデータ抽出部と，

✏パンの中間領域のカラー画像のカラースペース内での特徴量を求めるための中間カラーデータ抽出部と，

前記各抽出部で求めた特徴量によりパンの種類を識別する識別部とを備えているパンの識別装置．

この特許発明では，個体差のあるパンを識別するという用途のもとで，パンに独自の「輪郭」，「テクスチャー」，「内側，中間，外側の領域に分けたカラースペース」に着目し，それらを検出対象としたことが特有の要素となっています（図 6.47）．

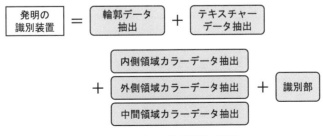

図 6.47　パンの識別装置の発明

この発明の特許権者である(株)ブレインは，この他に物品を識別するための装置やシステムに関する特許を取得しています†．

▶▶▶▶▶▶▶▶▶▶▶▶▶▶▶▶▶▶▶▶▶▶▶▶▶▶▶

回転寿司の鮮度管理用システム（特許第3607253号・(株)あきんどスシロー）
発明：バーコードやICチップが取り付けられた寿司皿と，寿司の種類を表す発信回路付きのメニュー立て（**図6.48**）を，回転テーブルに設置されたセンサで検知し，寿司の種類を判別して，寿司ネタごとに決められた距離を配送したら，寿司を廃棄するシステム．距離は，たとえば，マグロは200 m，ハマチは180 m，ケーキは600 mなどと決められており，予定距離を超えた皿は回転テーブルに設けられた排出装置で排出される．

◀◀◀◀◀◀◀◀◀◀◀◀◀◀◀◀◀◀◀◀◀◀◀◀◀◀◀

図6.48　回転寿司のメニュー立て

この特許の特許請求の範囲（請求項1）はつぎのとおりです．

🏅 **特許3607253号の請求項1**

コンベアにより配送される食品の管理を行なう回転ずし管理システムであって，
前記食品は皿に載せられており，
前記皿の各々には，皿の各々を他の皿から識別するための情報が付与されており，
前記皿の各々を他の皿から識別するための情報を読取る読取手段と，
前記✎皿の各々が配送された距離を判定する判定手段と，
前記✎読取手段の読取結果と前記判定手段の判定結果とに基づいて，前記食品を廃棄する廃棄手段とを備えた，回転ずし管理システム．

---

†　特許第5750603号，5874141号，6151562号など．

　回転寿司チェーン店では，鮮度の良い寿司を回転テーブル上に流す必要があります．このため，鮮度の落ちた寿司は適当なタイミングで廃棄することが望まれます．廃棄のタイミングが早すぎると寿司材料が無駄になり，遅いと寿司ネタが乾燥して客離れにつながります．この発明では廃棄のタイミングを寿司ネタごとに寿司の移動した距離によって判断します．距離は，**図6.49(a)**に示した回転テーブルのセンサを通過する寿司皿からの検知信号で求め，**図(b)**に示した判断プロセスを経て廃棄するかどうかが決定されます．

　また，この特許の請求項3には，つぎのように記載されています．

🏅 **特許3607253号の請求項3**

パラメータに基づいて，前記食品を廃棄するまでの配送距離を食品の種類ごとに決定する決定手段をさらに備えた，請求項1または2に記載の回転ずし管理システム．

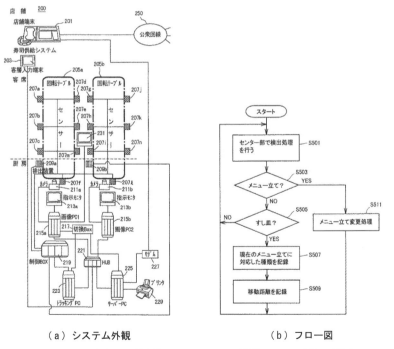

（a）システム外観　　　　　　（b）フロー図

図6.49　回転寿司の鮮度管理用のシステム（特許3602753号）の図面

　明細書によると，請求項3に記載の「パラメータ」は，店舗内の温度，湿度，回転テーブル上における商品の移動速度（または商品にあたる風の風速）であるとされています．つまり，寿司の鮮度は，寿司の種類だけでなく，店内の温度や湿度，さらには回転テーブルの移動速度によって寿司にあたる風の強さのような要因によって変わるので，それらの要因も考慮して廃棄する距離を決定するということです．

　この特許発明は，回転寿司店特有の環境のもとで，決められた皿の配送距離やそれを決定するためのパラメータを組み合わせて廃棄を決定することが特有の要素になっています．

　新しい技術や既知の技術を特殊な用途で使用するときに，発明が生まれることが多々あります．**図6.50**に示すように，**新しい技術や既知の技術を特殊な用途に適用しようとすると，何らかの課題に直面します**．そのような課題を解決するために特有の要素は何かを見出します．見出された特有の要素を新しいまたは既知の技術に組み合わせることで新しい発明となります．特有の要素は，一般的な用途に使われる技術が開示されている先行技術には書かれていないはずなので，その発明の進歩性を向上させることになるでしょう．

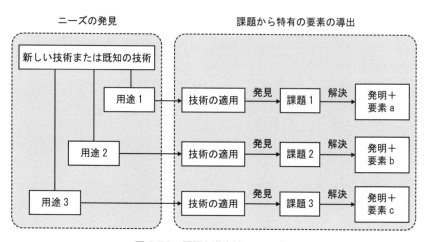

図6.50　課題を進歩性につなげる

(3) ビジネスニーズから生まれる進歩性

　状況に合わせた用途と同じように，ビジネスも価値観や手法などの変化から時代にあった形に変化していきます．第2章で説明したように，発明は技術的思想の創作なので，ビジネスの形（人為的な決めごと）そのものは発明にはなりませんが，IT技術を使ったビジネスに関係する情報などの処理方法は発明になります．このような特許は日本では**ビジネスモデル特許**ともいわれ，第2章で紹介したステーキの提供システムもこの種の特許といえます．元々は米国のビジネス方法特許（business method patent）に由来しています．

　ここでは，近年，スタートアップして話題となった日本の会社のビジネスモデル特許を紹介します．ポイントは，発明を構成する要素そのものに新しいビジネスを特徴づける情報や処理が含まれていることです．

👍 特許例　ビジネスモデル特許

▷▷▷▷▷▷▷▷▷▷▷▷▷▷▷▷▷▷▷▷▷▷▷▷

求職者と雇用者間のマッチング支援サーバ（特許第6474089号・（株）タイミー）
発明：以前の仕事で評価の高い求職者は，つぎの仕事も評価の高い仕事をする可能性が高いという推測に基づき，求職者の過去に働いた企業からの評価（信用スコア）を登録し，一定の評価を満たした求職者は面接なしで採用が決定されるとともに，雇用者から給与が前払いされるというしくみ（**図6.51**）．求職者は給与をすぐに受け取ることができ，雇用者は面接することなく前評価に基づいて信用できる従業者を採用できるという効果がある．

◁◁◁◁◁◁◁◁◁◁◁◁◁◁◁◁◁◁◁◁◁◁◁◁

　この特許の特許請求の範囲（請求項1）はつぎのとおりです．

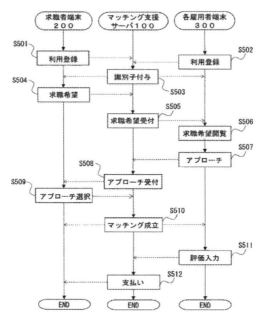

図6.51 求職者と雇用者間のマッチング支援サーバ（特許第6474089号）の図面

🏅 **特許第6474089号の請求項1**

求職者および雇用者間でのマッチングを支援するマッチング支援サーバで
あって，

前記求職者が使用する求職者端末から送信された前記求職者が希望する勤
務時間帯を少なくとも含む求職希望を受け付ける求職希望受付部と，

前記求職希望受付部が受け付けた求職希望を，前記雇用者が使用する雇用者
端末に提示する提示部と，

前記提示された求職希望に対して送信された，前記雇用者端末から前記求職
者へのアプローチを受け付けるアプローチ受付部と，

前記アプローチを，前記求職者端末を介して前記求職者に選択させる選択部と，

✒️前記求職者の勤務に対する前記雇用者の勤務評価を登録する評価登録部と，

前記求職希望受付部が，前記評価登録部に登録された勤務評価が所定の条件
を満たす求職者から求職希望を受け付けると，✒️前記受け付けた求職希望
の勤務時間に応じて当該求職者に対して給与の前払いを行う支払部と，を備
えるマッチング支援サーバ．

　ポイントは，新しい視点を反映した要素である，「勤務評価を登録する評価登録部」，「給与の前払いを行う支払部」です．これらの要素があることにより，求職者と雇用者の双方にメリットがある新しいマッチングビジネスが成立しています．

クラウドコンピューティングによる会計処理方法（特許第 5503795 号・freee（株））

発明：取引で使用する銀行口座を登録し，その口座を通じて行われた取引の明細が自動で取得され，図 6.52 のように銀行やクレジットカード会社の明細が表示される会計ソフトのしくみ．明細に記載されたキーワードを，あらかじめ記憶させた勘定科目と対応テーブル（表）とを照らし合わせて，勘定科目も自動で判断し，入力される．PC インストール型ソフトなどを使って，小規模企業や個人事業主が行っていた仕分け項目ごとの手入力を省略できる効果がある．

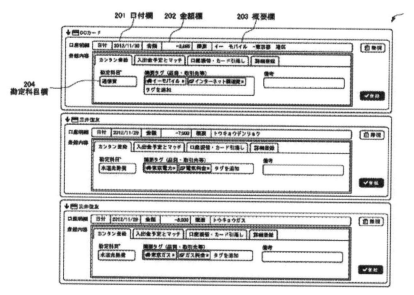

図 6.52　クラウドコンピューティングによる会計処理方法（特許第 5503795 号）の図面

　この特許の特許請求の範囲（請求項 13）はつぎのとおりです．

> **🏅 特許第 5503795 号の請求項 13**
>
> ウェブサーバが提供するクラウドコンピューティングによる会計処理を行う
> ための会計処理方法であって,
> 前記ウェブサーバが,ウェブ明細データを取引ごとに識別するステップと,
> 前記ウェブサーバが,各取引を,前記各取引の取引内容の記載に基づいて,
> 前記取引内容の記載に含まれうるキーワードと勘定科目との対応づけを保持
> する対応テーブルを参照して,特定の勘定科目に自動的に仕訳するステップと,
> 前記ウェブサーバが,日付,取引内容,金額及び勘定科目を少なくとも含む
> 仕訳データを作成するステップと
> を含み,
> 作成された前記仕訳データは,ユーザーが前記ウェブサーバにアクセスする
> コンピュータに送信され,前記コンピュータのウェブブラウザに,仕訳処理
> 画面として表示され,
> 前記仕訳処理画面は,勘定科目を変更するためのメニューを有し,
> 前記対応テーブルを参照した自動仕訳は,前記各取引の取引内容の記載に対
> して,🖊️複数のキーワードが含まれる場合にキーワードの優先ルールを適用
> し,優先順位の最も高いキーワードにより,前記対応テーブルの参照を行う
> ことを特徴とする会計処理方法.

　ポイントは,新しい視点を反映した要素である「勘定科目を決定する際にキー
ワードの優先ルールを適用して優先順位のもっとも高いキーワードにより対応
テーブルの参照を行うこと」です.

　たとえば領収書に,「モロゾフ　JR 大阪三越伊勢丹店」のように接待費と思
われる「モロゾフ」と交通費と思われる「JR」という異なる科目のキーワー
ドがある場合は,「品目」,「取引先」,「ビジネスカテゴリー」,「グループ名」,
「商標施設」のような順序で優先順位を付けることで,正確な仕分けを実現し
ています.

　なお,freee(株)は,この特許を侵害されたとして,類似のシステムを販売
する(株)マネーフォワードを訴えましたが,請求は棄却†されました.棄却の
理由は,(株)マネーフォワードは,この特許にある「対応テーブル」や「優先

---

†　東京地裁平成 29 年 7 月 27 日判決〈平成 28 年(ワ)第 35763 号〉.

「ルール」を使用しているのではなく，いわゆる機械学習を利用して生成された
アルゴリズムを適用して入力された取引内容に対応する勘定科目を推測してい
る点で異なるためでした．

　機械学習に関する特許として，(株)freee に訴訟を起こされた後に，マネー
フォワード(株)が特許化した会計処理方法の特許発明を紹介します．

▷ ▷
機械学習による会計処理方法（特許第 6511477 号・(株)マネーフォワード）
発明：機械学習を使い，会計処理を自動で行うソフトのしくみ．
◁ ◁

　この特許の特許請求の範囲（請求項 1）はつぎのとおりです．

> 🏅 **特許第 6511477 号の請求項 1**
> ✏️ 取引の内容を示す文字列に含まれる単語と各単語の重みを示す情報と，ユー
> ザの業種を示す情報とを含む特徴量と，当該取引に対する既知の勘定科目と
> を表す学習データに基づく機械学習によって生成された，取引を特定の科目
> に分類するための分類器と，
> 前記文字列を含む取引明細データを取得する取引明細取得部と，
> 前記取引明細データにおける各取引の前記特徴量を生成する特徴量生成部と，
> 前記特徴量を前記分類器に入力することによって，前記取引明細データにお
> ける各取引を特定の科目に分類する分類部と，
> 前記取引明細データにおける各取引について，前記特定の科目が設定された
> 会計データを生成する会計データ生成部と，
> を備える会計処理システム．

　この特許のポイントは，機械学習をするための学習データに文字列の単語と
その重みだけでなく，ユーザーの業種が含まれている点です．これは，たとえ
ば，製造業，不動産業，運送業などのユーザーの業種によっては取引データが
属する勘定科目が異なることがあるからです．**機械学習や人工知能を使用する
だけでは進歩性をクリアすることはできません．どのような種類の物理データ
に着目して機械学習させるかがポイントになります．**

　AI 技術の利用が広まるにつれて，これまであらかじめ決められたルールの

もとで決められてきた情報間の対応（紐づけ）から得られる情報が，大量の過去データを使った機械学習にとって代わられるようになってきています．そのため，IT 技術を駆使したビジネスの方法で特許を取得する場合には，あらかじめ記憶された対応データからだけではなく，AI 技術を利用した情報の取得も想定して特許請求の範囲を広く記載することも検討する必要があります．

　なお，特許庁では，AI 技術がさまざまな技術分野に発展していることを鑑みて，「AI 関連技術に関する特許審査事例について」として，記載要件や進歩性の判断の観点を公表しています．

権利範囲の決め方

第4〜6章で説明したことをふまえて発明を仕立てることができれば，新規性と進歩性はクリアできるので，特許取得の可能性は高くなったと思います．ただし，特許になっても権利範囲が限定的であれば，ライバルに回避されてしまい，有効でない特許になってしまいます．そこで重要になるのが，ここまでにも何度か出てきた「特許請求の範囲」の表し方です．

この章では，権利範囲を最大化するために，特許請求の範囲をどのように表すのがよいか，特許の権利との関係から説明します．特許請求の範囲をより適切に設定できれば，包括的な権利を取得できます．

7.1 権利範囲の表し方

権利範囲は，第3章で説明した記載要件を満たすように，具体的にかつわかりやすく示す必要があります．ただし，第2章で説明したように，発明は思想（概念）であるので，具体的過ぎれば，権利範囲を狭めてしまうなど意図しなかった問題も生じます．ここでは，例を使ってどのように書けばよいかを具体的に説明します．

（1）書くこと，書かなくてよいこと

権利範囲の表し方の基本は，必要な要素を書くことです．要素が異なるので，ものの発明と方法の発明に分けて説明します．

◇ ものの発明の場合

ものの発明は，すでに説明したように，化合物，材料，装置，機械など，人によってつくられたものに関する発明です．特許請求の範囲には，ものの発明の場合は，一般的に，そのものの概念を特定するのに必要な，要素や成分，ものの構造などを書くようにします．たとえば，発明が機械であればその機械を

構成する主要な部分を，化合物であればその化合物の化学式を書きます．つまり，第2章で，医薬品，化学品，食品・材料，機器の技術分野別に説明した要素の組み合わせを書けばよいわけです．

　機器の発明の場合に，構成しているたくさんの素子や部品をすべて書く必要はありません．とくに，既存の装置や機器を改良した発明の場合は，既知の部品や構造は省略してかまいません．特徴的な部分だけを書けば十分です．なぜなら，既知の装置がそのような部品をもっていることが一般的に知られているときは，その「装置」（○○装置という言葉）を特許請求の範囲に書けば，その装置が普通にもっている部品や機構まで書かれていることになるからです．

　特許請求の範囲を書くうえで，もう一つ注意しなければならないことは，発明を構成するもののカテゴリまたは概念を特定することです．第2章でも少し説明しましたが，ものには，部品，部品を含むモジュール，モジュールから組み立てられたアッセンブリ，それらを備えた完成品など，概念の大きさに違いがあります（**図7.1**）．そのなかで，発明がどこにあるかを判断して，最小の概念の発明を特定したうえで，特許請求の範囲に書くことが重要になります．特許請求の範囲に書く発明の概念の大きさは，発明の保護や活用に関わってきます．詳しくは，後述の「(2) 関連する発明は一つにまとめる」で説明します．

図7.1　概念の大きさ

　特許請求の範囲に書くうえでの注意点をまとめると，

　　① **必要な事項だけを書く**

　　② **もののカテゴリを特定する**

ことになります．これらの事項について，3.1節(1)であげたコピー機の操作パネルの例を使って説明します．

👍 発明・特許例 書くこと，書かなくてよいこと

▸▸▸▸▸▸▸▸▸▸▸▸▸▸▸◂▸▸▸▸

コピー機の操作パネル（例）

発明：人が 50 cm 以内に近づいたときに，音声とともに，コピー機の操作表示を開始するパネルを有するコピー機．

（解説） 人が近づいたことを感知する人感センサとスピーカがコピー機に取り付けられていて，人感センサが人を感知すると，その検知信号をコピー機のコントローラに送り，コントローラが操作パネルの表示をオンに切り替える制御を行う．これにより表示パネルの消費電力を節約するとともに，人がコピー機の前に来たときにすぐに操作できるようにガイダンスも音声で発する．

◂◂◂◂◂◂◂◂◂◂◂◂◂◂◂◂▸◂◂◂

この発明では，操作パネルを制御するのはコピー機全体の動作を司るコントローラであり，そのコントローラはコピー機に付いているので，発明を構成する最小単位（もののカテゴリ）は操作パネルではなくコピー機になります．もし，操作パネル自体が人感センサやスピーカを備えていて，人の接近により表示を開始するような制御をするのであれば，発明を構成する最小単位は操作パネルになります．このように，発明の特徴部分がどこにあるかを判断することで，ものの発明のカテゴリを特定できます．

このコピー機の発明について，特許請求の範囲に書くべき事項と書かなくてもよい事項を分けるとつぎのようになります．

- **●書くべきこと**

  コピー機，人感センサ，スピーカ，操作パネル，コントローラ（構成要素）と，コントローラが人感センサからの信号を受けて操作パネルやスピーカを制御する点（要素どうしの関係）

- **●書かなくてもよいこと**

  コピー機を構成する要素（部品）であるが発明を構成しない要素，たとえば，スキャナ，転写機構，紙送り機構，用紙トレイなど．発明を構成する要素に関することでも発明には直接関係のない事項，たとえば，操作パネルのコピー機上の位置や取り付け方．

スキャナ，転写機構，紙送り機構，用紙トレイなどの多くの機構は，既存のコピー機に普通に備えられており，またこの発明の特徴的な要素ではないので，特許請求の範囲に「コピー機」と書いてあれば，当然にそれらの要素をもって

いると考えてよいでしょう.

　なお，四つの要素が，コピー機のどこに設けられているか，それらの位置関係がどうなっているかも書く必要はありません. 人感センサや操作パネルがコピー機のどこに設けられていても，人が近づいてくればそれを検知して操作パネルを表示させることはできます. つまり，操作パネルや人感センサの位置は，この発明の実現に必須の事項ではないわけです. もし，要素が設けられている場所を特定してしまえば，権利範囲が狭まってしまいかねません. 特許請求の範囲，とくにもっとも大きな発明概念を表す請求項1には，発明を実現するために必要なことだけを書くようにします. ただし，人感センサや操作パネルの位置またはそれらの位置関係に技術的特徴があれば，それは下位概念の発明になるので，従属請求項（つぎの(2)参照）に書くことができます.

　以上のことから，この発明の請求項1は，第3章で書いたように以下のように表現できます.

🏅 コピー機の操作パネル（例）の特許請求の範囲（請求項1）

操作パネルと，

人感センサと，

スピーカと，

人感センサから人の検知信号を受信して，操作パネルの表示のオンに切り替えるとともにスピーカから音声を発生させるコントローラを備えるコピー機.

上の表現では，人感センサ，操作パネル，スピーカ，コントローラという四つの要素に加えて，それらの間の信号制御関係がコントローラを修飾するように表されています. この信号制御関係は発明を実現するために必要な事項です.

　この発明のように，既存のものの一部を改良した発明では，とくに，周知のことは省略し，必要なことだけを書くことが基本になります. ただし，これまで存在していなかった新しいコンセプトをもったものの場合は，そのものを特定できるように各部を表現する必要があります. 実際の特許発明を第2章で紹介した修正テープの特許を例に説明します.

➤➤➤➤➤➤➤➤➤➤➤➤➤➤➤➤➤➤➤➤➤➤➤

修正テープ（特許第1820418号（特公平03-011639）・シードゴム工業（株））
発明：文字などの上から塗料テープを貼ることにより，文字を消すテープ（図7.2）.

◄◄◄◄◄◄◄◄◄◄◄◄◄◄◄◄◄◄◄◄◄◄◄

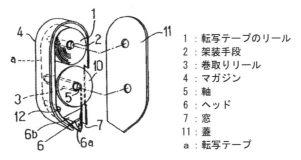

1 ：転写テープのリール
2 ：架装手段
3 ：巻取りリール
4 ：マガジン
5 ：軸
6 ：ヘッド
7 ：窓
11 ：蓋
a ：転写テープ

図 7.2　修正テープ（特許第 1841208 号（特公平 03-011639））の図面

この特許の特許請求の範囲（請求項 1）はつぎのとおりです.

🏅 特許第 1820418 号（特公平 03-011639）の請求項 1

修正塗料転写テープのリールを回転自在に架装する手段，及び該手段に架装された修正塗料転写テープのリールより繰り出された修正塗料転写テープを巻取る巻取リールをマガジン内に装備すると共に，該マガジンに上記前者リールよりの繰出し修正塗料転写テープをそれの外面側へ上記巻取リールの手前で折曲或いは弯曲させかつ少なくともその折曲或いは弯曲突端部を前記マガジンに対し突出した状態下で経由させるとともに消去箇所へ押し当て前記修正塗料転写テープを繰り出し修正塗料層を消去箇所に転写塗着させるための尖頭形のヘッドを備えたことを特徴とする文字等の消し具.

　特許出願された 1984 年当時には，ボールペンなどのインクの修正のために液状の修正液が使用されており，修正テープという概念はまったくなかったようです. そのため，修正テープを送り出すリール，それを巻き取るリール，リールを回転させるとともに支持する手段，リールを収容するケース（マガジン）や，修正テープを押し付けるヘッドなどの要素とその組み合わせがすべて新しかったので，上記のようにそれらすべてが特許請求の範囲に書かれています.

　この「修正テープ」のように，まったく新しい発明の場合は詳細に書く必要がありますが，それでも基本は発明を特定するために必要な要素だけを書くことです. 多くのことを書けば書くほど権利は狭くなるので，つねにこの意識をもって，見直すことが大切です.

◇ 方法の発明の場合

　方法の発明は，すでに説明したように，製造方法や使用方法に関する発明です．特許請求の範囲には，**方法の発明の場合は，その方法を実施するための処理や操作の組み合わせを書く**ようにします．ものの発明と同様に，方法の発明についても，特許請求の範囲に書くべきことは発明を構成するのに必要なことだけです．たとえば，製造方法の発明はつぎのようにいくつかの工程（ステップ）の組み合わせで表します．

🏅 方法の発明（例）の特許請求の範囲

化合物 A と化合物 B を 1：2 の割合で有機溶媒中で混合することと，

上記化合物 A と化合物 B の混合液を 40 〜 60℃ の温度に加熱しながら化合物 C を添加することと，

上記化合物 C を添加した後にろ過することを含むインクの製造方法．

　方法の発明では，時間的な要素が入る場合があります．上の例では，化合物 C を添加するタイミングは，化合物 A と化合物 B の混合液を 40 〜 60℃ の温度に加熱しているときでなければならないとしています．また，「ろ過」の操作は，化合物 C を添加した後でなければならないとしています．このような処理や時間的な限定は，権利を狭くする可能性があるので，特許請求の範囲を書くうえでは，実際の操作において加熱処理を行いながら添加する必要があるかなどを十分検討したほうがよいでしょう．

　方法の発明の特許請求の範囲の記載例として，第 2 章であげた iPS 細胞の製造方法や青色発光ダイオードの特許請求の範囲を参考にしてみてください．iPS 細胞の製造方法では，4 種の特定の遺伝子を組み合わせて使用することが必須の操作でした．青色発光ダイオードの製造方法では，不活性ガスを上方または斜め上方から流しながら，反応ガスを横方向から流すことが必須の操作でした．

　なお，方法の発明でも，ものの発明と同様に特許請求の範囲に書く要素はどのような大きさの概念で表現するかに注意が必要です．上の例であれば，化合物 A，B，C はそれぞれ一般式で表される化合物なのか，それとも具体的な化合物であるのか，などを検討する必要があります．また，方法は，製品の製造方法であるのか，あるいは製品の特定の部品の取り付け方であるのか，化合物

の合成方法であるのか，あるいは合成する際の生成物の抽出方法であるのかなどを決定する必要があります．また，方法の発明の要素としての処理や操作にも概念の広さがあります．たとえば，部品どうしを「結合する」という上位概念に対して，「接着する」，「溶接する」，「螺合する（ネジ留め）」などの狭い概念があり，どこまでを特許請求の範囲に記載するかを検討する必要があります．

(2) 関連する発明は一つにまとめる

　二つ以上の発明に同一または対応する特別の技術的な特徴があれば，それらの発明は一つの特許出願の特許請求の範囲にまとめて書くことができます．これを，**発明の単一性の要件**†といいます．単一性の要件における「特別な技術的な特徴」とは，先行技術と比べたときの技術上の意義のことであり，発明に新規性をもたらす部分です．

　単一性の要件を満たしていないと，出願が拒絶されることになりますが，ここでは，複数の発明を別々の請求項として特許請求の範囲に書くことができることを知っておけば十分です．単一性の要件は，特許庁の審査基準に詳細に説明されていますが，開発者や研究者であれば，そこまで精査する必要はなく，知財部や代理人に任せておけばよいことです．また，特許庁の審査官もあまり厳格に単一性の要件を判断しない場合があります．

　複数の発明を特許請求の範囲に書くことができるのは，たとえば，

- ・ものの発明とそのものの製造方法の発明
- ・ものの発明とそのものを使用した使用方法の発明
- ・ものの発明とそのものを備えた装置の発明

などの場合です．ものの発明を基準としてそのものの特徴をもっている同じまたは別のカテゴリの発明は特許請求の範囲に書いてもよいということになります．

　「トッポの製造方法」の特許請求の範囲を使って説明します．請求項 1 〜 3 はもの（プレッツェル）の発明，請求項 4 〜 6 は製造方法の発明になっています．

---

† 特許法第 37 条．

🏅 **特許第 2894946 号の特許請求の範囲**

請求項 1　穀粉 100 重量部，糖類 5 ～ 30 重量部，油脂 10 ～ 30 重量部および澱粉 20 ～ 30 重量部を主成分とする生地を焼成して得られる外径が 15 mm 以下で，かつ内径が外径の 40%以上である中空筒状の焼成生地を有してなるプレッツェル.

請求項 2　糖類が 10 ～ 20 重量部，油脂が 15 ～ 25 重量部および澱粉が 30 ～ 45 重量部である請求項 1 に記載のプレッツェル.

請求項 3　中空筒状の焼成生地の外径が 10 mm 以下である請求項 1 または 2 に記載のプレッツェル.

請求項 4　穀粉 100 重量部，糖類 5 ～ 30 重量部，油脂 10 ～ 30 重量部および澱粉 20 ～ 50 重量部を主成分とする生地を，外径が 18 mm 以下で，かつ内径が外径の 50%以上であるリング状ノズルから押出し成型して中空筒状とし，これを焼成して得た中空筒状の焼成生地を一定長さに切り揃えた後，焼成生地の一方の開口端より粘性に調製した呈味料を注入することを特徴とするプレッツェルの製造方法.

請求項 5　糖類が 10 ～ 20 重量部，油脂が 15 ～ 25 重量部および澱粉が 30 ～ 45 重量部である請求項 4 に記載のプレッツェルの製造方法.

請求項 6　リング状ノズルの外径が 11 mm 以下である請求項 4 または 5 に記載のプレッツェルの製造方法.

　請求項 1 は，もっとも広い権利範囲を主張する箇所です．以降のどの請求項にも従属していないこのような請求項を**独立請求項**といいます.

　請求項 2 は，請求項 1 と重複した技術的な特徴が示されていますが，糖類，油脂，澱粉の含有量（組成）がいずれも請求項 1 よりも狭い範囲に限定されています.

　請求項 3 は，これも請求項 1 と重複した技術的な特徴が示されていますが，焼成生地の外径が請求項 1 よりも狭い範囲に限定されています.

　請求項 2 と 3 は，請求項 1 に記載された事項を限定した形であり，請求項 1 に従属する請求項なので**従属請求項**といいます．書き方としては，「○○を特徴とする請求項 1 に記載の XX」のようになります．このように書くことで，請求項 1 の発明に加えてさらに○○という特徴があるという意味になります.

このように，重複した技術的な特徴があれば，同じカテゴリの発明でも特許請求の範囲に含めることができます．

　請求項4から製造方法の発明になります．請求項1に規定したプレッツェルの原料や寸法などのものとしての特徴がすべて含まれていることがわかります．このようにすることで，ものと製造方法という異なるカテゴリの発明でも特許請求の範囲に含めることができます．**請求項4も独立請求項**です．

　請求項1〜3の権利範囲を図で表すと，**図7.3**のようになります．請求項2と3は請求項1よりも狭くなり，また，請求項3は従属先が請求項1または2となっているので，請求項2と3の特徴で請求項1を限定した発明と，請求項3の特徴で請求項1を限定した発明の2種類の権利範囲の発明が含まれることになります．**特許庁の審査は請求項ごとに行われる**ので，このように，複数の請求項を特許請求の範囲に加えておくことは有利になります．なぜなら，範囲が一番広い請求項1が新規性や進歩性を満たしていないとして拒絶されたとしても，それより範囲の狭い従属請求項で特許が取れる可能性があるからです．また，もし請求項1のみで申請し，拒絶された場合に，補正により請求項1を明細書の記載事項に限定したとしても，それが特許になるかどうかは後続の審査の結果を待たないとわからないということになります．しかし，**従属請求項も入れておけば，最初の審査結果でどの従属請求項が特許になるかがわかります**．したがって，特許出願時の特許請求の範囲の欄には，上位概念の発明を独立請求項として，それを限定した下位概念の発明を従属請求項としてセットで書いておくのが賢明です．

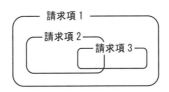

図7.3　特許：トッポの製造方法の各請求項の関係

　この従属請求項を書くことは，特許になってからも意味が出てきます．それは，特許が特許要件（新規性，進歩性など）を満たしていないことを理由に，特許を無効とする審判[†]がライバル会社などから請求されることがあり，この

---

† 特許法第123条（特許無効審判）．

ような特許無効審判においても，**特許が無効になるかどうかは請求項ごとに判断される**からです．独立請求項を書いておくことで，もし無効審判で請求項1が無効となっても，より狭い概念の従属請求項が特許として生き残れる可能性があるわけです．また，従属請求項には，前述のようなカテゴリの違うものを表すことができます．たとえば，ある部品の発明を権利化するときに，特許請求の範囲には，以下のようにその部品の有するモジュールやアッセンブリ，さらには完成品までを従属請求項を使って表すことができます．

請求項1：○○○を特徴とする部品．

請求項2：請求項1に記載の部品を有するモジュール．

請求項3：請求項2に記載のモジュールと当該モジュールを収容するケースを備えたアッセンブリ．

請求項4：請求項3に記載のアッセンブリが組み込まれた自動車用ダッシュボード．

このように，特許出願人が部品メーカーであっても請求項1の部品だけでなく，請求項2～4も権利化することで，部品の納入先である顧客の製品も守れます．そして，部品を使ったモジュールやアッセンブリなどを製造・販売する侵害被疑者に対して，部品だけでなく，モジュールやアッセンブリなどの販売価格に基づいた損害賠償請求も可能となる場合があります．

7.2 どこまでが権利範囲か

7.1節で説明したように，特許請求の範囲を書く際には，書くべき事項に絞ることが大切です．これは，特許になった後の権利の範囲が，特許請求の範囲によって決まるからです[†]．

発明の要素に着目して特許をみると，権利は，複数ある要素それぞれに与えられるわけではなく，その要素をまとめた発明に対して与えられていることがわかります．これを**権利一体の原則**といいます．つまり，特許発明に対して，第三者が実施しているもの（または方法）が特許請求の範囲に記載された要素をすべて満たしていれば，特許権の侵害になるということです．逆にいえば，**記載された要素を一つでも欠いていれば，特許侵害にはならない**ということです．

[†] 特許法第70条第1項（特許発明の技術的範囲）．

たとえば，前出のコピー機の操作パネルの発明で，スピーカーが操作パネルに内蔵されていたときに，これを反映して特許請求の範囲に，単にスピーカーと書かずに，「前記操作パネルに内蔵されたスピーカー」と書いたときには，スピーカーが操作パネルとは別の場所に取り付けられたコピー機は権利範囲に含まれなくなってしまいます．つまり，発明の主要な部分だけを模倣された製品を特許で訴えることができなくなります．

例を使って整理します．

例 **特許発明**：A，B，C の三つの要素の組み合わせからできているもの．
① A，B，C を備えているもの　　　→　侵害
② A，B だけを備えているもの　　　→　侵害でない
③ A，B，C，D を備えているもの　→　侵害

③ の場合，特許請求の範囲には，通常，「A，B，C を含む○○」や「A，B，C を有する○○」などのように**オープンクレーム**（他の要素を排除しない）の形式で書かれているので侵害になります．ただし，「A，B，C だけを有する○○」や「A，B，C のみからなる○○」などのように**クローズドクレーム**（他の要素を排除する）の形式で書かれていれば侵害にはならないことになります．

つぎの二つの演習で権利範囲を確認してみてください．

演習 1 **「トッポの製造方法」の権利範囲**

つぎの菓子 1 ～ 4 は，特許第 2894946 号の請求項 1 （(p. 150) 参照）の権利範囲に含まれるか答えなさい．

菓子 1：穀粉 100 g に対して，糖類 25 g，油脂 20 g，澱粉 25 g の原料混合物を，外径 15 mm，内径 10 mm の中空筒状にして，それを焼いたプレッツェル．

菓子 2：穀粉 100 g に対して，糖類 25 g，油脂 20 g，澱粉 25 g の原料混合物を，外径 20 mm，内径 10 mm の中空筒状にして，それを焼いたプレッツェル．

菓子 3：穀粉 100 g に対して，糖類 25 g，油脂 20 g，澱粉 25 g，食塩 2 g の原料混合物を，外径 15 mm，内径 10 mm の中空筒状にして，それを焼いたプレッツェル．

菓子 4：菓子 1（穀粉 100 g に対して，糖類 25 g，油脂 20 g，澱粉 25 g の

原料混合物）を，外径 15 mm，内径 10 mm の中空筒状にして，それを焼いてプレッツェルとして，その外側にチョコレートがコーティングされている菓子.

【解答】 請求項 1 は，筒状のプレッツェルの主成分とその組成，外径と内径寸法が特定されて特許になっています．「主成分とする生地」と書かれているので，主成分以外の他の成分が含まれることは除外されていません.

菓子 1 では，主成分の数値（組成）が特許の数値範囲に含まれているかどうか，菓子 2 〜 4 では，菓子 1 と異なる下線部が焦点になり，それぞれ下記のように判断できます.

菓子 1：特許の要素をすべて満足している.

菓子 2：外形が 15 mm を超えているので，外径に関する要素を満足していない.

菓子 3：別の要素（食塩 2 g）が追加されているものの，すべての要素を満足している.

菓子 4：別の要素（外側のチョコレートのコーティング）が追加されているものの，すべての要素を満足している.

よって，菓子 2 以外は，請求項 1 の権利範囲に含まれることになります.

図 7.4 は，請求項 1 における生地の成分組成に関する要素を A，プレッツェルの寸法に関する要素を B，焼成したことの要素を C としたときに，それらの組み合わせの概念の広さと権利範囲の関係です．要素が増えるほど権利は狭

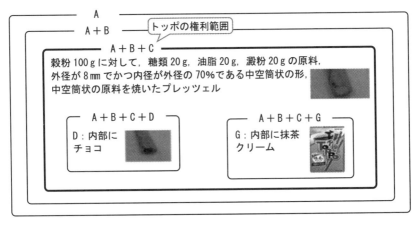

図 7.4 トッポの製造方法（特許第 2894946 号）の権利範囲

くなりますが，請求項1では，A，B，C以外の要素は書いていないので，広い権利が確保されています．つまり，第2章で説明したように，この特許では発明の要素として「チョコレートのような筒内に入っているもの」とは書かれていないので，筒内にチョコレート，抹茶クリーム，バニラクリームなどどのようなものが入っていても，また何も入っていなくても権利範囲に含まれることになります． □

　この例からもわかるように，特許請求の範囲を最大化するには，**要素をすべて書くのではなく，必要な要素だけに絞ることが重要です**．そして，これが特**許の有効性に関係してきます**．第4～6章で説明した進歩性をもたらす特有の要素はもちろん必要ですが，それ以外の要素については，実際の製品あるいは将来の製品群を想定して必要かどうかを検討する必要があります．

演習2　充電用コネクタの権利範囲

　図7.5は，特許になっているアップル・インコーポレイテッドが充電用に開発したLightningケーブルのコネクタの拡大写真です（特許第5877514号）．図(a)はコネクタの表側，図(b)はコネクタの裏側であり，両側とも同じ表面

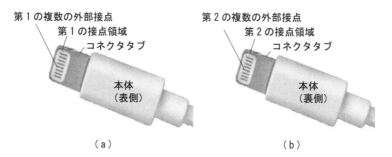

（a）　　　　　　　　　　　　（b）

図7.5　Lightningケーブルの充電用コネクタ（特許第5877514号）

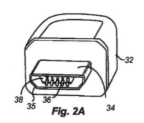

図7.6　充電用コネクタ（特許第5877514号）の従来技術欄の図面

構造をしています．明細書の従来技術の欄には，従来のマイクロ USB コネクタは，図 7.6 のように，携帯電話などの差込口（レセプタクルコネクタ）に挿入する金属シェル（34）が上下非対称の形状（台形）であるため，正しい向きで挿入することがユーザーには容易ではなかったことが記載されています．それをふまえて，この特許発明では，差込口をほぼ長方形状にして表裏のどちら側にも同じ節点領域を設けることで，どちらの向きに差し込んでも接続できるようになっています．特許請求の範囲†は以下のとおりです．

🏅 **特許第 5877514 号の請求項 1**

a）本体と，前記本体から離れるように延びるコネクタタブであって，該コネクタタブが，幅，高さ，及び長さ次元を有し，かつ該コネクタタブの形状を定める導電フレームを含み，該導電フレームが，該幅及び長さ次元に延びる第 1 及び第 2 の対向側面と，該高さ及び長さ次元に該第 1 及び第 2 の側面の間を延びる第 3 及び第 4 の対向側面とを有し，該第 1 の側面が，第 1 の開口部を有し，該第 2 の側面が，該第 1 の開口部の正反対側に第 2 の開口部を有する前記コネクタタブと，

b）前記導電フレームの前記第 1 の開口部に形成された第 1 の接点領域に前記コネクタタブによって担持された第 1 の複数の外部接点であって，誘電材料が，該第 1 の複数の接点の各々を隣接する接点からかつ該導電フレームから分離する前記第 1 の複数の外部接点と，

c）前記導電フレームの前記第 2 の開口部に形成された第 2 の接点領域に前記タブによって担持された第 2 の複数の外部接点であって，該第 2 の複数の接点における各接点が，前記第 1 の複数の接点における接点の正反対側に配置され，誘電材料が，該第 2 の複数の接点の各々を隣接する接点からかつ該導電フレームから分離する前記第 2 の複数の外部接点と，を含むことを特徴とするプラグコネクタ．

※a〜c の符号は著者による．

　図 7.7 に示す百円ショップで販売されていた，純正品でないコネクタ A と B はそれぞれ権利範囲に含まれるか答えなさい．

---

†　特許第 5877514 号，2016 年 2 月 5 日登録，発明の名称：外部接点を有する二方向性コネクタ，特許権者：アップル・インコーポレイテッド．

表側　　　　　　　　裏側

（a）コネクタ A

表側　　　　　　　　裏側

（b）コネクタ B

図7.7　コネクタの例

【解答】　請求項1で，「第1」「第2」はそれぞれコネクタ先端の表側にあるもの，裏側にあるものを表しています．a）は全体の構造を，b）は表側の接点の構造，c）は裏側の接点の構造を表しています．

　コネクタ A は，裏側の差し込み部には金属接点の領域がありますが，表側の差し込み部には接点はありません．裏側の本体には "UPSIDE" と刻印されており，そちら側を上向きにして端末に挿入することが示されています．コネクタ B は，表側と裏側の両方の差し込み部に金属接点の領域があります．このため，コネクタ A は，c）に相当するものがないので，権利範囲には含まれません．一方，コネクタ B は，両方の面に接点領域があるので，権利範囲に含まれることになります．したがって，コネクタ B は，特許侵害になる可能性があります． □

　このように，特許請求の範囲の構成要素と比較することで，権利を侵害しているかどうかは判断できます．

◇ **利用発明の注意点**

さきほど説明した権利一体の原則から考えると,「成分 A, B, C を含む組成物」の特許 X があるとき,「成分 A, B, C, D を含む組成物」の発明 Y は,特許 X の権利範囲に含まれるため,実施すれば特許侵害になることになります. そうすると,すでにある特許を改良した発明は権利も取れなければ実施もできないのかという疑問が湧いてきますが,第 4 章で説明したように,特許 X よりも有利な効果がある場合には,発明 Y は特許になり得ます. まとめると,発明 Y は特許になるものの,実施はできないということになります. このような,他人の先願特許の権利内容を利用する発明のことを**利用発明**といいます.

それでは,この発明 Y は特許にしても意味がないかというとそうではありません. **利用発明の実施にあたっては,基礎となる発明の特許権者に対して実施の許諾[†1] を得る必要はある**ものの,特許法では,基礎となる発明の特許権者に対して実施許諾についての協議を求めることができる権利を認めています. また,特許権者が実施許諾を拒んだ場合などには,特許庁に実施権を設定するための裁定を求めることも保証しています[†2]. つまり,実施の制限はあるものの,利用発明を実施できないわけではないということです. 新たな発明は,従来の発明を改良することによって生まれることが多いので,そのような発明もまた特許法のもとで保護されて活用を促すしくみになっているわけです.

なお,利用発明を特許出願する際には,将来の実施に制約を受ける場合があるため,開発者や知財担当者は,基礎となる特許発明を所有している権利者との将来の交渉(ライセンス締結やクロスライセンスなど)を意識しておく必要があります.

7.3 権利範囲を広くする方法

通常,企業で生まれる発明は,開発や研究の具体的な成果物です. それに対して,発明は概念(思想)なので,請求項をまとめる際には,成果物から発明概念を抽出する必要があります. つまり,この抽出の仕方次第で,得られる権利範囲の広さが変わるということです. この発明概念の抽出には多少の創作能力が必要です.

[†1] 特許法第 72 条(他人の特許発明との関係).

[†2] 特許法第 92 条(自己の特許発明の実施をするための通常実施権の設定の裁定).

以下の演習を通じて発明概念を抽出してみましょう.

演習 3 　洗濯ばさみの発明の権利範囲を広くする

　図 7.8 に示すような一般的な洗濯ばさみは, 洗濯物を取り外すには洗濯ば
さみのクリップ後端を押し縮めて先端を開く必要があります. 一方, 図 7.9
の洗濯ばさみの発明は, クリップ後端の両方が柔軟な素材で連結されていて,
その素材が中央でフックに吊り下げられているので, 洗濯物を下方に引っ張る
のに合わせて後端に内向き (矢印) 方向に力が作用して後端が閉じ, 先端が開
く構造になっており, 洗濯ばさみを押し縮める必要がありません. この発明で
特許を取得したいときの, 特許請求の範囲を考えてください.

図 7.8　従来の洗濯ばさみ

図 7.9　洗濯ばさみの発明

【解答例】 まず，この発明の原理を考えます．洗濯物を引っ張るとその力によってクリップの後端が互いに近づくことです．この構造をシンプルに書き表すと図 7.10 の構造 A のようになります．

これをまとめると，たとえばつぎのようになります．下線部がこの構造の特徴的な部分です．

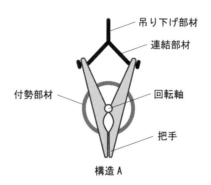

構造 A

図 7.10　洗濯ばさみの発明の基本構造

> 🎖 **特許請求の範囲（請求項 1）**
>
> 先端が接触しあう一対の把手と，
>
> 一対の把手の前記先端と他端との間に前記一対の把手に共通に設けられて前記先端どうしを接離可能に回動させる回転軸と，
>
> 前記先端が互いに接触しあうように前記把手の回動を付勢する付勢部材とを備える洗濯ばさみにおいて，
>
> ✎ <u>前記一対の把手の他端にそれぞれ固定されて他端どうしを連結する変形可能な連結部材と，</u>
>
> ✎ <u>前記連結部材の中央に結合されて洗濯ばさみを物干しフックに吊り下げるための吊り下げ部材とを有する洗濯ばさみ．</u>

果たしてこのように特許請求の範囲を記載し，特許出願してよいでしょうか．構造 A は上記原理を実現する一つの具体例にすぎないことに気付きましたか．構造 A 以外に上記の原理を実現する構造がないかを考えます．たとえば，下記のような構造 B ～ E（**図 7.11**）が考えられます．

　　構造 B：1 本のひもの両端がクリップ後端にそれぞれ連結されていて，ひもの中央がフックに吊り下げられている構造．吊り下げ部材はない．

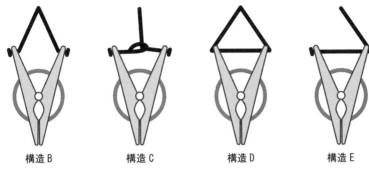

図7.11　洗濯ばさみの発明を実現できる構造

構造C：2本のひもが使われ，一方のクリップ後端に連結されたひもがリング状になっていて他方のクリップ後端に連結されたひもがそのリングを通ってフックに連結されている構造．吊り下げ部材はない．

構造D：1本のひもが，クリップ後端に形成された穴を通過して三角状になり，その頂点がフックに連結されている構造．吊り下げ部材はない．連結部材は把手の両方の他端に固定されていない．

構造E：1本のひもの一端がフックに連結されて他端が一方のクリップ後端に形成された穴を通過して，他方のクリップ後端に固定されている構造．吊り下げ部材はない．連結部材は把手の一方の他端に固定されてない．

これらの構造から，上記の原理を実現するにはつぎのことが重要であるとわかります．

・連結部材は構造Aのように必ずしも一対のクリップ後端にそれぞれ「固定され」ていなくてもよく，構造Eのようにクリップ後端の一方に「係り合え」ば足り，構造Dのようにクリップ後端の両方に「係り合え」ば足りる．

・吊り下げ部材は必ずしも必要ない．

これをふまえて先に示した特許請求の範囲をみてみると，構造B〜Eは権利範囲に含まれておらず，回避できてしまうことがわかります．

　構造A〜Eのすべてを包含する概念をイメージすると，**図7.12**のようになります．矢印のようにクリップ後端が動けば，破線の部分はクリップの後端に対してどのようになっていてもよさそうです．

図 7.12　洗濯ばさみの発明の原理のイメージ

　図のイメージからわかるように，一方の把手の他端がもう一方の他端に近づくように連結部材が把手の他端に関係している連結状態がすべて含まれます。特許請求の範囲に書き表すとすれば，たとえばつぎのようになります。下線部が構造 A 〜 E の特徴的な部分です。

🏅 特許請求の範囲（請求項 1′）

先端が接触しあう一対の把手と，

一対の把手の前記先端と他端との間に前記一対の把手に共通に設けられて前記先端どうしを接離可能に回動させる回転軸と，

前記先端が互いに接触しあうように前記把手の回動を付勢する付勢部材とを備える洗濯ばさみにおいて，

✎ <u>前記一対の把手の他端にそれぞれ係合されて前記他端どうしを連結する連結部材と，</u>

✎ <u>前記洗濯ばさみが前記連結部材を通じて物干しフックから吊り下げれている前記洗濯ばさみ。</u>

請求項 2

さらに✎<u>前記連結部材が吊り下げ部材を有し，前記吊り下げ部材が前記物干しフックに取り付けられることを特徴とする</u>請求項 1 に記載の洗濯ばさみ。

　下線部に「係合」という用語がありますが，これは係り合っているということで，お互い結合までしていなくてもよく，相対的に動くような状態で結びついていてもよいという意味になります。特許の分野ではよく使用される言葉ですが，そのような用語を使用しなくても，構造 A 〜 E をすべて包含するような言い回しになっていれば問題ありません。

　なお，吊り下げ部材は必ずしも必要ではないことがわかっていますが，請求項2に書いておいてもよいでしょう．それは，吊り下げ部材による技術的な効果，たとえば，**吊り下げ部材により洗濯ばさみをハンガーから簡単に着脱可能になるという効果があれば**，請求項1が特許にならなかったときでも，請求項2で特許になる可能性があるからです．　　　　　　　　　　　　　□

　ここで示したように，成果物を発明概念として表すときに，**具体的な構造をそのまま表すだけでは，権利範囲を狭くしてしまう**可能性があります．そのため，構造の原理や作用を見出してそれを実現する別の構造（ほかの実施形態または変形例）を洗い出し，それらの**構造の共通点を抽出して発明概念としてまとめ，より包括的な権利範囲にする**ことが重要です．

8 出願後にする重要なこと

　ここまでの説明をふまえて発明をまとめれば，特許取得もそれほど難しくないと思います．ですので，あとは特許出願するだけと思った人もいるかもしれませんが，特許をより効果的に活用するために，押さえておきたい特許出願後の検討項目があります．

8.1 改良発明の出願

　開発テーマが継続されている場合など，特許出願した発明を基礎とした改良発明ができることは少なくありません．この改良発明を特許出願する際には注意が必要です．なぜなら，発明は，出願から1年経つと公開特許公報で公開されてしまうからです．公開されると，元の発明が先行技術となって，改良発明は進歩性なしとして拒絶されてしまう可能性があります．開発で忙しく忘れがちですが，たいへん重要なことなので，**改良発明は，親出願から1年半以内に行う**ことをしっかり覚えておいてください．

　さらに，1年以内であれば，**国内優先権主張出願**[†]（略称，**国内優先出願**）が使えます（**図8.1**）．国内優先出願では，つぎのことができます．

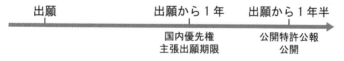

図8.1　改良発明は公開特許公報の公開前までに出願する

（1）元の発明の出願に内容を追加できる

例　発明A＋Bを特許出願し，その後，Cを追加した発明A＋B＋Cでより良い結果が得られた．

---

†　特許法第41-42条.

　発明 A＋B＋C は，発明 A＋B の概念のなかに含まれています．このため，国内優先出願を使えば，発明 A＋B を独立請求項，発明 A＋B＋C を従属請求項として一つの出願にまとめることができます．

　国内優先出願すると，最初の特許出願は取り下げられるため，特許情報プラットフォームから見ることはできませんが，実例として，筆者が特許出願したものを紹介します．

👍 特許例　改良発明の出願

▷▷▷▷▷▷▷▷▷▷▷▷▷▷▷▷▷▷▷▷▷▷▷▷▷▷▷▷▷▷▷▷

ショルダーストラップ（特許第 3359627 号）

元の発明[†]：図 8.2 のように，2 本のストラップ（ウエブ）の一端が四角いガイドに連結され，相手側のガイドを互い違い通過した構造で，両端を引くことにより，ストラップが引き出されて元の長さの 4 倍になるショルダーストラップ．ショルダーストラップを使用しないときに，バッグから垂れ下がらないようにする効果がある．

改良発明：元の発明の特許出願後に，もっとも重なりの多い収納状態（図 8.2 の最上図）であっても振動などによりストラップが緩んで垂れていることに気付き，これを解決するため，図 8.3 のようなロック機構を取り付けた改良発明をした．

◁◁◁◁◁◁◁◁◁◁◁◁◁◁◁◁◁◁◁◁◁◁◁◁◁◁◁◁◁◁◁◁

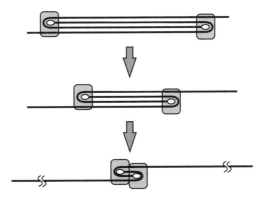

図 8.2　ショルダーストラップ（特許第 3359627 号）の構造

[†]　特願 2001-123619 号（国内優先出願により取り下げられるため，特許情報プラットフォームでは見ることはできません）．

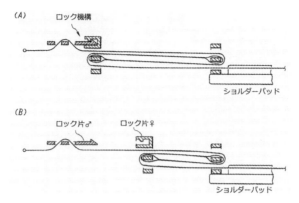

図8.3 ショルダーストラップ（特許第3359627号）の図面

最初の特許出願の請求項1はつぎのとおりです．

🏅 ショルダーストラップ（特許第3359627号）の請求項1

伸縮自在なストラップ装置であって，

第1及び第3スリットが形成されている第1ガイドと；一端が第1ガイドに連結された第1ストラップと；第1ガイドと対向して配置され，第2及び第4スリットが形成されている第2ガイドと；一端が第2ガイドに連結された第2ストラップと；を備え，

第1ストラップの他端が第2及び第4スリットの少なくとも一方を通って第1ガイドの方に戻り，次いで第1ガイドの第1及び第3スリットの一方を通過しており，第2ストラップの他端が第1及び第3スリットの少なくとも一方を通って第2ガイドの方に戻り，次いで第2ガイドの第2及び第4スリットの一方を通過しているストラップ装置．

　元の発明に改良発明を加えた形で国内優先出願を行った際には，図8.3のような具体例を明細書と図面に加えるとともに，従属請求項としてつぎの請求項6が追加されました．請求項1は最初の出願の請求項1と同じままです．

> 🎖ショルダーストラップ（特許第 3359627 号）の請求項 6
> 第 1 または第 2 ストラップの前記他端の近傍に第 1，第 2，第 3 及び第 4
> スリットの少なくとも一つのスリットに嵌め込まれて第 1 及び第 2 スト
> ラップの少なくとも一方のストラップの移動を防止するロック片を備える
> 請求項 1 から 5 のいずれか一項に記載のストラップ装置.

　この発明は，請求項 1 や請求項 6 を含む形で特許になっています．実際の製品には請求項 6 が反映されています（図 1.9 参照）.

　国内優先出願の利用について，機械系の発明で多いのは，上記のように改良発明に追加の要素を加える場合です．一方，化学系の発明で多いのは，基本的に実施例が必要となるため，最初に一つの実施例 A + b_1 と b_1 の上位概念である B により，発明を A + B（請求項 1：上位概念）として特許出願し，その後の実験により A + b_2，A + b_3 の実施例ができたときに，それらを明細書や従属請求項に追加する場合です.

		元出願	国内優先権出願
特許請求の範囲	請求項 1	A + B	A + B
	請求項 2	A + b_1	A + b_1
	請求項 3	—	A + b_2
明細書	実施例	A + b_1	A + b_1，A + b_2

　これは，3.2 節(1)で説明したサポート要件を満足させるためです．この場合，国内優先出願の請求項 1 は最初の出願と同じ A + B のままです.

（2）複数の出願をまとめることができる

例 まず発明 A + b_1 で，続けて発明 A + b_2 でも特許出願した．その後 A + b_3 でも発明が成立することがわかった.

　b_1，b_2，b_3 で成立したということで，その上位概念である B で成立することになれば，国内優先出願を使って，発明 A + B を独立請求項，発明 A + b_1，A + b_2，A + b_3 を従属請求項として一つの出願にまとめることができます（図 8.4）．つまり，関連する発明をまとめて，権利範囲の広い一つの発明

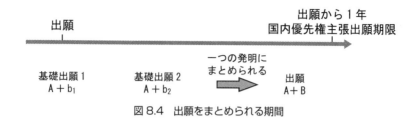

図 8.4　出願をまとめられる期間

にするわけです.

		元出願 1	元出願 2	国内優先権出願
特許請求 の範囲	請求項 1	A + b₁	A + b₂	A + B
	請求項 2			A + b₁
	請求項 3	—		A + b₂
	請求項 4			A + b₃
明細書	実施例	A + b₁	A + b₂	A + b₁, A + b₂, A + b₃

　国内優先出願は，追加した発明（下位概念）が元の発明（親出願）の概念（上位概念）の範囲内であれば，追加分も含めて，元の出願の出願日を基準に審査されます．元の出願の発明概念の範囲外であれば，国内優先出願の出願日を基準に審査されます．また，元の出願は国内優先出願に取って代わったとして，1 年 3 カ月後に取り上げられたものとみなされます.

　学会発表や展示会などでの出品の関係で**早急に特許出願しなければならない場合は，とりあえずその時点である実験結果やデータだけを記載して出願し，その後，この制度を有効に使って対応するのが得策です．**この制度を有効に利用するためにも，元の出願の出願した日から 1 年は機会を設けて発明を見直すことが大切です.

8.2　外国出願

　第 2 章で説明したように，外国で特許を取得するには，それぞれの国の所定の機関に特許出願する必要があります（**外国出願**）．このようなとき，言語や法制度の違いで不利益を被らないように，特許出願に必要な事項を共通化したパリ条約や特許協力条約（**PCT**）があります．これらの条約の締約国では優

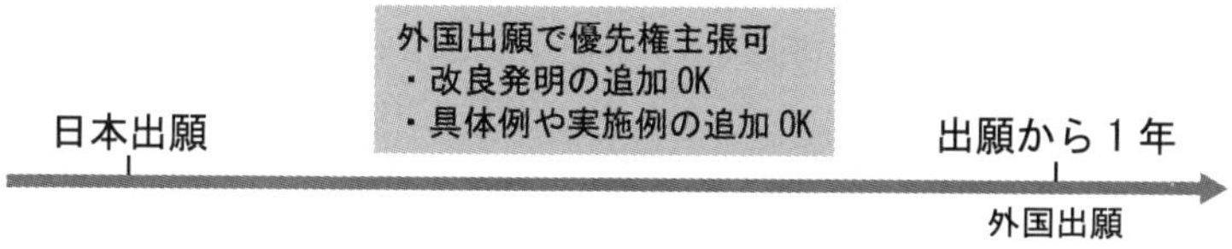

図8.5 外国出願で優先権主張をできる期間

先権主張をできるので，日本での特許出願から1年以内であれば，日本の出願日を基準に審査を行ってくれます（図8.5）．

また，外国出願においても，国内優先出願のように，日本での特許出願（親出願）の発明概念の範囲内であれば，別の具体例や実施例を追加できます．

製品の製造や販売先を考えると，日本市場以上に海外市場が重要になっていることも多いと思います．このため，海外での特許取得は以前より重要性が増していますが，**まずは日本で特許出願し，その後に海外で出願することを検討しましょう**．また，その際には，元の出願以降にできた改良発明や別の具体例なども追加し，より完成度を高めたもので外国出願にできるとより効果的です．日本出願後1年を有効に活用することが重要です．

もし，海外での権利化が望ましい重要な発明をしたのであれば，通常の日本出願ではなく，最初から日本を指定国としてPCT出願を検討するのがよいでしょう．PCT出願とは，特許庁に対して出願手続きを行うことにより，特許協力条約加盟国すべてに同時に出願したのと同じ効果が得られるというものです．PCT出願は日本語で行うことができ，また出願から3カ月程度で新規性および進歩性に関する特許庁による調査レポートを受け取ることができるので，早期に海外での特許の可能性を見極めることができます．海外マーケットの重要度によっては，外国や条約の制度をうまく活用することもできます．たとえば，米国に競合他社があり，米国での早期権利化が望まれる場合には，米国での早い出願日を確保するために，日本語での仮出願（国内優先出願に類似）をするとよいでしょう．また，欧州に競合他社があり，欧州エリアを中心とする権利化を望む場合には，英語でPCT出願を行って，欧州特許庁による調査レポートを受け取り，英語，独語，仏語などで書かれた先行技術をより確実に知るのがよいでしょう．

8.3 拒絶理由への対処

(1) 拒絶理由に対してできること

特許出願後3年以内にしなければならないのが審査請求です．すでに説明したように，審査請求をしないと審査が始まりません．審査請求を行い，審査が始まり，その結果，記載要件や実態的要件を満たしていない場合に通知されるのが**拒絶理由**です（図1.4参照）．拒絶理由に対して，出願人はつぎのことができます．いずれも拒絶理由通知発送日の翌日から60日以内に行う必要があります．

　　・拒絶理由に対する反論を意見書として提出する．

　　・特許請求の範囲や明細書の補正を補正書として提出する．

ただし，第3章でも説明したように，**補正**は出願した書類の範囲内でしかできません．そのため，いくら補正があるからといっても，これまで説明してきたように，出願前の検討が重要になります．

拒絶理由では，出願前の特許調査では見つからなかった先行技術が引用されることもあります．そのような予期していない先行技術の存在による拒絶に対しても，第4章で説明したような特許要件を満たすように対処する必要があります．新規性，進歩性について指摘された場合は，それぞれつぎのことを検討するとよいでしょう．

　　・**新規性の欠如による拒絶に対して**

　　　　明細書や図面に開示された事項を特許請求の範囲に追加して，先行技術に開示された発明との差別化を示す．

　　・**進歩性の欠如による拒絶に対して**

　　　　発明の有利な効果や引用された先行技術を組み合わせることができない阻害事由を主張したり，明細書や図面に開示されている事項を特許請求の範囲に追加したりすることで，先行技術からはその発明自体を導くことができないことや追加事項に基づく有利な効果を主張する．

(2) 補正を前提とした権利範囲のまとめ方

あとから追加できないわけなので，書類は補正を前提にまとめる必要があります．そのため，どのような拒絶理由がくるかを考えておく必要があります．

つぎの例で具体的に考えてみましょう．

例 発明：特許請求の範囲が成分 A，B，C を含む食品．
状況：発明と同じ成分 A，B，C を含む食品を開示した特許（先行技術）があったことにより，拒絶理由が通知された．

この拒絶理由を解消するには，成分 A，B，C を含む食品に何かを追加して先行特許公報との違いを明確にする必要があります．

明細書や図面に成分 A，B，C 以外の要素の記述がなければ，補正はできません．ここでもし，明細書や図面のなかに成分 A，B，C 以外の成分として，添加物 D を含んでもよいと記載があったとすると，特許請求の範囲は，成分 A，B，C，D を含む食品のように補正できます．つまり，特許請求の範囲を変更するには明細書や図面のなかに，その補正を行うための根拠となる記載が必要であるということです．

すでに同じまたは類似の技術の特許があれば特許を取れないわけですから，特許出願の前には，第5章で述べたように，必ず過去に公開された出願のなかに同じものなどがないかを調べる必要があります．しかし，調査を行っても，特許庁より，予期しない先行技術の存在を理由に拒絶通知される場合はあります．完璧に調査することは難しいということです．だからといって，それをふまえて自主的に権利範囲を狭めるようなことをする必要はありません．逆に，特許請求の範囲は，調査したなかで新しいと思われたもっとも広い権利範囲とし，そのまま特許になれば運がよい程度に考えて出願します．一方で，特許庁の審査で先行技術が発見されて拒絶された場合の対策として，権利範囲を狭く限定して先行技術との違いを出す補正をすることも前提としてまとめます．ここで必要とされるのは先読み能力です．

どのように対処すべきかは第5，6章で詳しく説明しましたが，特許出願するときには，あとで特許請求の範囲を補正できるように明細書や図面の記載内容をあらかじめ充実させておくことが重要です．つまり，戦略的に考えると，有効な特許を取るためには，**明細書や図面には，前述の記載要件（法律的な要件）を満足させるだけでなく，7.2 節で説明したような多くのバリエーションや追加事項を記載しておくことや，請求の範囲に記載した発明の組み合わせ要素の具体例を多く記載しておくことが重要**になります．

さきほどの例では，請求の範囲に書かれた成分 A，B，C を含む食品という発明に対して，特許庁の審査で同じく成分 A，B，C を含む食品が記載された

先行技術が発見された場合に，別の追加要素を加えて拒絶を回避する方法を説明しましたが，組み合わせ要素である成分 A，B，C のいずれかを下位概念に限定することで先行技術との違いを出すことができる場合もあります．

> **例 発明**：特許請求の範囲が成分 A，B，C を含む食品である発明．成分 A はナトリウム塩．
>
> **状況**：発明と同じ成分 A，B，C を含む食品を開示した先行技術があったことにより，拒絶理由が通知された．先行技術では，成分 B，C とさらに無機ナトリウム塩を含む食品が開示されている．

ナトリウム塩は無機ナトリウム塩を含むので，発明は先行技術に開示された食品を包含しており，このままでは発明は先行技術により拒絶されます．ここでもし，明細書中に，ナトリウム塩として無機ナトリウム塩と有機ナトリウム塩の両方が具体的に書いてあれば，補正により，「成分 A（ナトリウム塩）＋ 成分 B ＋ 成分 C」から「成分 A（有機ナトリウム塩）＋ 成分 B ＋ 成分 C」に変更できます．これにより，発明は，先行技術に記載の無機ナトリウム塩，成分 B，成分 C を含む食品と違うことになり，少なくとも新規性に関する拒絶を回避できる可能性がでてきます．

このように，特許請求の範囲に記載した要素については，その中位概念や下位概念を明細書に記載しておくことが重要になります．

拒絶理由に対して意見書や補正書を提出しても，拒絶理由が解消されない場合には，**拒絶査定**が通知されます．これに対して不服があれば**拒絶査定不服審判**を請求でき，同時に特許請求の範囲を補正することもできます．しかし，この審判請求時の補正はさらに制限を受けて拒絶理由に対処するものなので，特許請求の範囲を狭くする補正[†]しかできません．

特許出願の経験があれば，拒絶理由を受けたときに，「出願時にこういうことを書いておけばよかった」と思うこともあるでしょう．できるかぎり，特許出願前に，本書で説明したことを検討し，対策をとるのが得策です．

8.4 分割出願

明細書や図面に記載はしていても，重要でないことは権利化を考えないので，

[†] 特許法第 17 条の 2 第 1 項，第 5 項．

特許請求の範囲に記載しないことがあります。しかし、出願時は重要でなかった要素が、あとで重要になることがあります。たとえば、市場が変化し、新たに生まれたニーズにマッチしていたときや、競合他社が類似の発明を出願していたときなどです。このような場合に有効活用したいのが分割出願です。**分割出願**とは、特許請求の範囲には記載がないものの、出願した明細書や図面に記載されている発明を、親出願から取り出して別の出願（子出願）にするというものです[†]。利用はつぎの例のような状況が考えられます。

例1 特許請求の範囲にはa + b + c、明細書にはa + b + cのほかに、a + b + dが書かれている。

例2 特許請求の範囲にはa + b + c、明細書には異なる下位概念としてa + b + c + d, a + b + c + e, a + b + c + fといったバリエーションが書かれている。

　例1では、**図8.6**のように、発明a + b + dを特許請求の範囲に記載して分割出願できます。例2では、下位概念（たとえば、異なる用途に使用する場合や、同じ課題に対する異なるアプローチを導入した実施形態の場合）であるa + b + c + d, a + b + c + e, a + b + c + fをそれぞれ特許請求の範囲に記載して複数の分割出願を行うこともできます。

　特許戦略の観点からいえば、事業の周辺技術についてなるべく多くの特許をそれぞれ独立させて取得しておくと、他社の参入を防ぐことができるとともに、

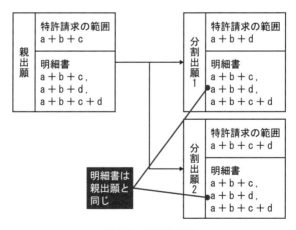

図8.6　出願の分割

[†] 特許法第44条（特許出願の分割）。

企業間の知財係争を有利に進めることができます.たとえば,特許が1件にまとめられていれば,それを一つの会社に,譲渡したり,専用実施権を与えたりしてしまうと,他社には使えなくなってしまいますが,分割されていて複数特許があれば,それぞれで譲渡や専用実施権の供与ができ,幅広く活用できるわけです.そのため,下位概念については,従属請求項として1件の出願にまとめることもできますが,事業戦略の観点から特許の包囲網をつくりたいときなどは,分割出願を活用すると有効です.1.1節(4)で紹介したサノフィ社の特許2件も親出願とそこから派生した分割出願による特許です.

分割出願できるのは,①補正のとき,②特許査定を受けてから30日以内などです.分割出願は,親出願の出願日に従うので,あとから手続きしたことによる不利益は生じないため,発明の重要性を十分に考え,検討するとよいでしょう.

索　引

著者略歴

川北喜十郎（かわきた・きじゅうろう）

1984 年　東京工業大学総合理工研究科電子化学専攻修了
1984 年　本田技研工業株式会社にてエンジン開発に従事
1986 年　国内特許事務所勤務
1994 年　川北国際特許事務所設立
2008 ～ 2009 年　東京工業高等専門学校非常勤講師
2010 年　九州における戦略的教育支援プログラム策定・普及事業検討委員
2012 年　一関工業高等専門学校非常勤講師
2013 年 ～ 上智大学理工学部非常勤講師
2018 ～ 2022 年　途上国研修「IP トレーナーズコース」講師（特許庁）
2002 年以降，全国の高校，工業高等専門学校，大学で知的財産権の特別授業を実施
　　　　現在に至る
　　　　弁理士

受賞歴　東京発明展にて特別賞（2001 年），ジュネーブ国際発明展にて銀賞（2004 年），
　　　　関東地方発明奨励賞（2010 年）

実例からわかる　特許化の要点

2022 年 11 月 15 日　第 1 版第 1 刷発行
2024 年 2 月 10 日　第 1 版第 2 刷発行

著者　　　　川北喜十郎

編集担当　加藤義之（森北出版）
編集責任　富井　晃（森北出版）
組版　　　コーヤマ
印刷　　　エーヴィスシステムズ
製本　　　協栄製本

発行者　　森北博巳
発行所　　森北出版株式会社
　　　　　〒102-0071　東京都千代田区富士見 1-4-11
　　　　　03-3265-8342（営業・宣伝マネジメント部）
　　　　　https://www.morikita.co.jp/

ISBN978-4-627-87241-7

MEMO

MEMO

MEMO

MEMO

MEMO